ulmer

Elke Schwarzer

LASS WACHSEN!

NACHHALTIG GÄRTNERN
ARTENVIELFALT FÖRDERN
RESSOURCEN SCHONEN

WIE DU MIT DEINEM GARTEN DIE WELT RETTEN KANNST

INHALT

DIE IDEE: IM GARTEN DIE WELT RETTEN, GEHT DAS?

Das klingt zugegebenermaßen etwas übertrieben, aber selbst das kleinste Fleckchen Grün rettet ein bisschen die Welt vor deiner Haustür. Mach mit, sei Teil der Lösung und lass dich vor allem nicht unterkriegen! Hier zeigen wir dir, wo du anpacken kannst.

KLIMA UND BIODIVERSITÄT IM WANDEL

Krisen, wohin man auch schaut. Und manchmal möchte man am liebsten wegschauen. Doch im Garten können wir dem Planeten eine Auszeit geben und uns selbst gleich mit!

FRÜHER WAR DOCH VIELES BESSER

Als Kind habe ich so viel Zeit wie möglich draußen verbracht. Das war auch ein großes Vergnügen, überall flogen Kleine Füchse herum und an Sommerabenden kam regelmäßig eine Igelfamilie zu Besuch. Die Spatzen konnten noch unter den Dächern brüten, ebenso die Mehlschwalben. Wir fühlten uns wie im Schlaraffenland, futterten den Kirschbaum leer und beobachteten die bunten Falter. Die Sommer waren immer viel zu kurz und oft verregnet. Heute aber gibt es mehr Hitzetage und tropische Nächte als Kleine Füchse und die Spatzen muss man mit Ganzjahresfütterung über die Runden bringen. Die Nachrichten überschlagen sich derweil mit düsteren Neuigkeiten zum Klimawandel, zum Insektensterben und zur Biodiversitätskrise. Es ist das Zeitalter der Rekorde: Der wärmste Winter, der heißeste Sommer, der früheste Frühling. Da kriegt man doch die Krise!

Der Schwalbenschwanz kann mittlerweile wieder öfter in den Garten flattern – das sollten wir mit einem Beet voller Möhre und Fenchel feiern!

NUR NICHT UNTERKRIEGEN LASSEN!

Sind also Hopfen und Malz längst verloren? Oft ist mir auch vor lauter schlechten Nachrichten die Petersilie verhagelt und ich mag gar nicht mehr Fernsehen schauen oder Zeitung lesen. Da wir Menschen an fast jedem Übel der Welt selbst schuld sind, fühlt man sich gleich ganz schlecht und vor allem ohnmächtig, denn alleine kann man es doch nicht mehr zum Guten wenden, oder? Bei all den Hiobsbotschaften geht auch schnell unter, dass es sogar einige positive Wendungen gibt. Denken wir doch nur einmal an die Rückkehr der Wölfe und Biber oder das Comeback der bunten Bienenfresser, die in den 1980ern als ausgestorben galten. Nach dem Verbot des Insektengiftes DDT erholten sich die Bestände von Wanderfalken, See- und Fischadlern endlich. Sogar die Schwalbenschwänze werden wieder häufiger – und dabei haben auch wir Gärtner uns ein paar Lorbeerchen verdient.

Unseren Gärten, Balkonen und auch Hausdächern kommt aus Sicht des Artenschutzes eine immer größere Bedeutung zu.

... UND RAN AN DEN SPATEN!

Als Gartenmenschen stehen wir sogar ziemlich gut da, denn wir haben einen ganzen blühenden und grünenden Werkzeugkasten zur Verfügung, mit dem wir gegen die Klimakrise und das Artensterben gleichzeitig anpflanzen können – und schon ist die persönliche Krise aufgrund der ganzen Katastrophenmeldungen auch ein wenig gemildert. Die gute Nachricht ist: In Deutschland gibt es rund 17 Millionen Gärten mit einer Gesamtfläche von etwa 6 800 km². Und dazu kommen noch einmal die unzähligen Balkone, Flachdächer, Dachterrassen und versiegelten Flächen, die man mit Kisten, Dachbegrünung, Kübeln und Hochbeeten wiederbeleben kann. Anstatt also nur das Schlechte zu sehen und den Kopf in den Sand zu stecken, stecken wir die Hände lieber in Gartenerde und konzentrieren uns auf das, was wir beeinflussen können – und wenn es nur ein paar selbst angebaute Karotten oder aus einem Samentütchen gezogene Wilde Möhren für die Schwalbenschwanzraupen sind. Buddeln, säen, pflanzen und ernten ist in jedem Fall sowohl heilsam für uns als auch für den Planeten. Das hilft nicht nur gegen dieses lähmende Ohnmachtsgefühl, sondern macht auch Spaß und sogar satt! Nehmen wir uns einfach die ganz Kleinen zum Vorbild, denn wenn selbst nach einem Dürresommer die Schneeglöckchen im Garten alle wieder munter den Frühling einläuten, sollten wir es genauso machen: KEEP CALM AND GARDEN ON!

Nicht nur Zierde: Die Zierquitte mit Aussicht lockt verkehrssichere Frühlings-Pelzbienen auf den Balkon.

NIEDER MIT DER TEMPERATUR!

Wer schon einmal in der ärgsten Sommerhitze in Häuserschluchten unterwegs war, weiß, wie gut Baumschatten und Pflanzen ihre Umgebung kühlen können. Bis zu 8 °C Temperaturunterschied wurden zwischen Stadt und Land gemessen, denn Asphalt, Beton und Stein sind hervorragende Wärmespeicher, die wir im Winter gut gebrauchen könnten, die uns im Hochsommer aber die Hölle heiß machen. An einem infernalischen Julitag kann eine gut durchgebackene Straße locker über 60 °C heiß werden. Und auch in der Nacht ist der Ofen noch lange nicht aus, denn dann gibt sie die gespeicherte Wärme großzügig wieder ab. Unter einem Baum wird es dagegen nur halb so heiß und bleibt somit gerade noch erträglich. Hohe Gehölze können auch Fassaden kühlen, in jedem Fall helfen Pflanzen mit ihrem Schatten und der Verdunstungskälte, dass das Umfeld nicht zum Glutofen wird. Jeder noch so schlanke Hausbaum, jeder begrünte Balkon hilft dabei, die Stadt und damit das Klima auf ein erträglicheres Maß herunterzukühlen. Dieser Effekt ist so deutlich spürbar, dass du dir für jede Pflanze, die du einsetzt, auf die Schulter klopfen kannst – schon wieder hast du einen kleinen Erfolg gegen die Erderwärmung vollbracht und fühlst dich großartig. Probiere es einmal aus!

... UND RAUF MIT DER ARTENVIELFALT

Ein Bienenhotel am Balkon wird oft belächelt, weil es nur die ohnehin häufigen Arten fördert, während die vielen im Boden nistenden Arten vernachlässigt oder sogar mit einer dicken Auflage Holzhackschnitzel auf öffentlichen und privaten Grünflächen gequält werden. Doch selbst ein Balkon oder kleiner Garten kann mit Glockenblumen und einer gut gemachten Insektennisthilfe, deren Bohrungen und hohle Stängel frei von Splittern sind, zum Rettungsanker für Glockenblumen-Scherenbienen werden.
Und falls „nur" die häufigeren Mauerbienen das Angebot annehmen sollten, fühlt es sich doch super an, einer wilden Biene ein Heim gegeben zu haben und dafür zu sorgen, dass die Allerweltsarten nicht auch noch selten werden. Hast du erst einmal Erfolge gefeiert und Blut geleckt, kannst du die nächste Herausforderung annehmen und versuchen, seltenere Arten ins Bienenhotel zu locken, indem du ihnen die passenden Futterpflanzen bietest. Auch wenn man keine Pandabären im Garten fördern kann, machen auch die kleinen fliegenden Pelztiere Spaß und viel Hoffnung, dass doch etwas zu retten ist.

Die Rostrote Mauerbiene nimmt Nisthilfen begeistert an. Man kann die Biene auch kaufen, doch das ist völlig unnötig, sie kommt ganz von allein und ist noch häufig.

MIKROPLASTIK: SO KLEIN UND SO SCHLIMM

Wann wurde eigentlich das Wort Mikroplastik erfunden? In meiner Schulzeit hieß es noch, eine Plastiktüte würde ewig lange frisch wie der junge Morgen auf dem Waldboden liegen und nicht zerfallen. Bald aber war klar: UV-Licht macht auch Kunststoff mürbe und die Fragmente reichern sich in der Umwelt an. Dabei weiß man noch gar nicht so genau, was Mikroplastik eigentlich anrichtet. Regenwürmern wurden in einem Versuch Kunststoffkügelchen unters Futter gemischt und geschaut, was passiert. Sie kamen unverändert hinten wieder raus, wenn sie kleiner waren als 50 Mikrometer. Unklar ist allerdings, was scharfkantige Teilchen im Regenwurmmagen anrichten können, man darf aber spekulieren, dass es ihnen nicht gut tut. Fakt ist, dass unsere fleißigen Mitarbeiter im Gartenboden unabsichtlich dazu beitragen, die Plastikstückchen in tiefere Bodenschichten zu befördern. Auch kann sich der Stoff negativ auf die Fortpflanzungsfähigkeit von Regen- und Fadenwürmern, Springschwänzen und Rädertierchen auswirken. Da kann einem schon der Appetit vergehen. Was also tun?

WELTRETTEN IM VORBEIGEHEN

Im Garten kannst du so gut es eben geht auf Plastik verzichten. Wenn du noch mehr tun möchtest, mach mit beim World-Cleanup-Day, wo in der Gemeinschaft Müll gesammelt wird, oder versuche es mit Plogging – das ist Jogging, bei dem man sich mit Handschuhen und einer Tasche bewaffnet und nebenbei Müll aufhebt. So werden gleich noch ganz andere Muskelgruppen aktiviert und wir haben das schöne Gefühl, höchst aktiv etwas für die Umwelt und unsere Gesundheit getan zu haben – und die der Regenwürmer!

In der Landwirtschaft wird viel Plastik eingesetzt, hier Netze gegen Vogelfraß im Weinbau.

PLASTIK HEKTARWEISE: LANDWIRTSCHAFT UND GARTENBAU

Einer Studie nach werden durch die Landwirtschaft 13 256 Tonnen Kunststoff jährlich freigesetzt. Ganz schön viel, oder? Hinzu kommen 5 800 Tonnen, die einfach so vom Winde verweht werden und auf den Äckern landen, zum Beispiel Reifenabrieb. Drei Viertel der Emissionen lassen sich auf Dünger in Form von Klärschlamm und Kompost zurückführen. Diese entstehen beispielsweise durch Kunstfasern aus der Waschmaschine, die im Abwasser und damit im Klärschlamm landen.

EINGANGSKONTROLLE AN DER BIOTONNE

Auch die Biotonne hat ihren Anteil, wenn wir fälschlicherweise Kunststoff hineinwerfen, zum Beispiel beschichteten Blumendraht an den kläglichen Resten vom Geburtstagsstrauß oder umhüllte Düngemittel, die als Trittbrettfahrer im Ballen einer toten Topfpflanze stecken. Auch ich war einmal erstaunt, als ich seltsame Plastikräder in meinem Kompost fand. Des Rätsels Lösung: Die Kaffeepads, eigentlich kompostierbar, hatten eine Kammer aus Kunststoff mit Milchpulver. Die Kaffeemaschine ist inzwischen durch eine ohne Schnickschnack ersetzt worden, die Plastikräder kamen in die gelbe Tonne. Was kann man sonst noch tun, außer seinen eigenen Kompost zu durchforsten und eine Eingangskontrolle bei der Biotonne zu etablieren? Kleidung aus Naturfasern verringert den Anteil an Mikroplastik im Abwasser. Der Verzicht auf Gemüse aus Folienkultur spart ebenfalls einen Großteil Plastik ein – hier punktet grüner Spargel vor weißem. Den größten Spaß mit Einsparpotenzial machen aber selbstgezogene Pflanzen, denn sie brauchen keine Gewächshausfolien, Bewässerungshilfen oder Düngemittel mit Polymer-Mantel. So wird man gleichzeitig Kindergärtner und Umweltaktivist in einem.

Selbst geerntet ohne Verpackung und Transportweg: So macht Rote Bete Laune!

NASSE KLIMASCHÜTZER

Moore sind wahre Klimahelden! Von allen Landökosystemen sind sie die Streber bei der Speicherung von CO_2. Leider ist Torf, der Hauptbestandteil der Moore, auch ein Streber im Gartenbau. Er sackt kaum in sich zusammen, führt nicht zu Sauerstoffmangel an den Wurzeln und kann Wasser speichern, aber auch wieder ganz spendabel an die Pflanze abgeben. Torf ist ein Tausendsassa, was ihn zum beliebtesten Substrat aufsteigen ließ. Mit dem Nachteil, dass er – einmal an Land gezogen – das gespeicherte CO_2 bei seinem Verfall wieder abgibt und eine Lücke im wertvollen Biotop Moor hinterlässt. Moorschutz ist also Klimaschutz und wir Hobbygärtner müssen uns nach einem anderen Lieblingssubstrat umsehen.

ALTERNATIVEN OHNE ENDE

Früher war torffreie Blumenerde schwieriger zu finden als Lebkuchen im Mai, mittlerweile hat man die Qual der Wahl. Die klimafreundlichen Substrate werden aus nachwachsenden Rohstoffen wie Holz- und Kokosfasern, Rindenhumus und zertifiziertem Grünschnittkompost hergestellt. Mineralische Zusätze wie Bims oder Blähton machen die Blumenerde strukturstabiler. Bei der Verwendung musst du mehr auf die Wasser- und Nährstoffzufuhr achten, also öfter gießen und nachdüngen. Torffreie Blumenerde ist auch nicht so lange lagerfähig, sollte also nur bei akutem Bedarf angeschafft werden. Die Vorteile überwiegen aber bei weitem – und wenn du schon einmal einen 40-Liter-Sack torffreies Substrat geschleppt hast, und dir dann vorstellst, das alles wäre Torferde, hast du ein unmittelbares Gefühl dafür, wie schwerwiegend dein persönlicher Beitrag zum Klimaschutz ist. Und das fühlt sich richtig gut an!

Der Spiegelfleck-Dickkopffalter bewohnt norddeutsche Moore. Sein Bestand ist rückläufig, wie auch der der Moore.

PFLANZEN
sind die mächtigste Waffe,
UM DIE WELT ZU VERÄNDERN.

DAS BLATT WENDEN UND KUGELSPRINGER FINDEN!

Möchtest du wissen, wie es um das Bodenleben in deinem Garten bestellt ist? Dann nimm dir den ohnehin langweiligen Herbst und Winter vor und schau mal nach, ob du das Wappentier des nachhaltigen Gärtnerns finden kannst.

Nicht ganz zwei Millimeter lang sind die größten Kugelspringer, die zu den Springschwänzen (Collembolen) gehören. Sie sind von entzückend kugeliger Gestalt, echte Sympathieträger und das Schweizer Taschenmesser der Laubstreu. Sie sind mit einer cleveren Sprunggabel, der Furca, ausgestattet, die unter dem Bauch einrastet und bei Gefahr losschnellt, um das Tier weit weg zu katapultieren. Die Furca ist das Alleinstellungsmerkmal der Springschwänze – nur tiefer im Boden lebende Arten haben sie wegrationalisiert, da sie in engen Nischen nutzlos wäre. Kugelspringer haben eine ganz formidable Furca.

HÜPFENDE HELDEN

Erschreckt man sie, sind sie auch schon weggehüpft. Die Weibchen mancher Arten verwenden die Sprunggabel auch als Abwehr gegen aufdringliche Männchen: Damit die Angebetete nicht selbst in die Luft geht, streckt sie den Hinterleib weit nach oben, bis die Furca keinen Bodenkontakt mehr hat. Dann lässt sie sie gegen das Männchen schnellen, das nach der ruppigen Behandlung das Weite sucht.

Ein anderes Merkmal der Springschwänze ist der Ventraltubus (Collophor), ein Schlauch, der aus dem Bauch ausgestülpt werden kann. Dieses durchsichtige Anhängsel wird zum Putzen und Trinken verwendet und ist blitzschnell aus- und wieder eingezogen.
Im Garten findet man vor allem den Bunten Kugelspringer (*Dicyrtomina ornata*, im Bild unten) und seinen Kollegen *D. saundersi*. Auch häufig ist der goldige *Sminthurinus aureus* (im Bild links), aber er ist so winzig, dass man ihn mit bloßem Auge nicht mehr gut sieht.

HIER FINDEST DU SIE

Die Voraussetzung für die Springschwanz-Safari ist eine üppige Laubdecke auf den Beeten. Obstbaumblätter liefern den perfekten Lebensraum, doch auch etwas derberes Eichen- und Buchenlaub ist beliebt bei den kugeligen Krabblern. Die Kugelspringer weiden hauptsächlich Pilzbewuchs von den Blättern und tragen zur Humusbildung bei. Erfrorene, matschige Teile der Stauden sind ebenfalls Tummelplatz der kleinen Tierchen. Besonders beliebt sind großblättrige, möglichst behaarte Stauden, wie Frauenmantel, Beinwell, Echter Alant, Rauling oder Herbst-Anemone. Wenn du dann noch die Harke schwingst, anstatt die kleinen Blattbewohner mit dem Laubbläser oder Laubsauger zu schikanieren, werden sie deinen Garten lieben.

SO KANNST DU SIE BEOBACHTEN

An milden Herbst- und Wintertagen bei hoher Luftfeuchtigkeit sind Kugelspringer aktiv. Wenn du vorsichtig Falllaub umdrehst, zum Beispiel vom Apfelbaum, kannst du sie mit bloßem Auge erkennen. Kannst du sie finden? Wenn ja, darfst du dir zu einem intakten Garten gratulieren. Falls nicht, kann es auch an zu viel Mineraldünger liegen, dann schau später noch einmal nach, nachdem du die Beete für einige Zeit mit einer Laubdecke beglückt hast.

So klein und so bunt: Kugelspringer bei der Arbeit am Laub vom Apfelbaum.

#KUGELSPRINGER – WER FINDET KUGELSPRINGER IN SEINEM GARTEN? SCHNAPP DIR DIE LUPE UND LOS GEHT'S!

STELL DIR VOR, ES IST NATUR UND ALLE MACHEN MIT

Früher waren mehr Lerchen. Und Schmetterlinge. Sie wurden durch Ringeltauben und Schmeißfliegen abgelöst. Kann man denn gar nichts machen?

DIE STILFRAGE

Wenn wir einen Garten anlegen oder einen Balkon gestalten, der nicht nur der Selbstversorgung dient, sondern auch Ziergewächse enthalten soll, entscheiden wir uns meist zuallererst für einen Gartenstil. Mögen wir es formal oder wildromantisch? Lieben wir eher den mediterranen Stil oder einen Bauerngarten? Aus der Vogelperspektive wirkt einfach jeder Garten attraktiv, der einer lauschigen Waldlichtung ähnelt.

SEI FLUGLOTSE FÜR FLIEGENDE HOFFNUNGSSCHIMMER!

Das Rotkehlchen singt gern aus dichten Sträuchern heraus. Die Stacheln sind ein guter Bodyguard.

Bäume, Sträucher und Hecken sind ökosystemrelevant und ziehen Gartenvögel an wie grüne Magneten. Spatzen fliegen zwar auch mehrmals am Tag ein paar hundert Meter über Häuser und Straßen, um eine Futterstelle in einem Garten zu erreichen, dort angekommen bestehen sie aber auf einer heimeligen Hecke oder wenigstens einem Strauch. Nur so fühlen sie sich sicher. Vögel mögen fast jeden Gartenstil, solange sie Insekten, Früchte oder Samen finden, dazu Wasser und einen geschützten Brutplatz. Ist für Speis und Trank gesorgt, werden sie kommen und bleiben. Amseln und Stare sind sogar Rasenflächen gegenüber nicht abgeneigt, aus denen sie Würmer und Schnakenlarven herauspulen können. Wenn wir unser Wohnumfeld als Satellitenbild betrachten, werden wir also ganz leicht erkennen, was Vögel lieben: Asphalt, kahle Dächer und verschotterte Vorgärten schrecken ab, während jeder Baum, jeder Strauch einen dicken Pluspunkt bekommt.

HILFE FÜR DIE FUSSGÄNGER

Vögel und auch viele Insekten können immerhin die unwirtlichen Teile schnell überfliegen, doch Tiere, die zu Fuß unterwegs sind, empfinden Straßen und Wege oft als unüberwindliche Hindernisse. Eichhörnchen zum Beispiel bewegen sich lieber wie Spiderman an Fassaden fort als auf Wegen, während Igel und Füchse neidisch von unten zuschauen müssen. Ihnen können wir mit einem üppig bewachsenen Vorgarten und pflanzengesäumten, schmalen Pfaden entgegenkommen. Zäune sollten unten eine Lücke bieten, damit kleine Säugetiere hindurchhuschen können. Auch eine Schale mit Wasser an heißen Tagen oder ein Igelhaus werden gern angenommen.

KOMMT ES AUF DIE GRÖSSE AN?

Kann man mit einem Reihenhausgarten oder gar einem Balkon denn überhaupt etwas bewirken? Die Antwort ist: Ja! Wir können zwar keine Rebhühner retten, aber viele Tiere brauchen einfach nur Trittsteine, um sich im Großstadtdschungel durchzuschlagen. Zum Beispiel wird eine einzige Schleifenblume im Vorgarten oder Balkonkasten den Karstweißling anlocken, der als Vielflieger aus dem Mittelmeerraum zu uns gekommen ist, und ihm helfen, seinen Weg in mehreren Generationen durch die Stadt zu finden. Je mehr Arten wir in den Garten locken können – und mobile Stadtbewohner wie Vögel, aber auch Wanderfalter, Libellen, Schwebfliegen oder größere Wildbienen lassen sich nicht lange bitten – umso mehr haben wir auch das Gefühl, etwas bewirkt zu haben. Wir setzen eine Aufwärtsspirale in Gang, für uns selbst und für die Tiere.

Auch ein kleiner Schrebergarten kann mit heimischen Pflanzen, hier Rainfarn, zum Insektenretter werden.

Ein Waldgarten mit Benjeshecke: Unter dem Apfelbaum wachsen Meerrettich und Kartoffel-Rose, deren große Hagebutten essbar sind.

ARTENSCHUTZ LIEGT IM DETAIL: „ANIMAL AIDED DESIGN“

Das Konzept „Animal Aided Design“ (AAD) dient dazu, die Habitatansprüche von Tieren wie Sperlingen, Mauerseglern oder Schmetterlingen gleich bei der Planung neuer Siedlungen oder Häuser mit einzubeziehen. Die Zielarten stehen meist in unserer Gunst ganz weit oben, wie Rotkehlchen, Igel oder Admiral. Waschbären, Tauben, Elstern und Füchse werden eher weniger hofiert. Erprobte Maßnahmen sind schon beim Bau ins Mauerwerk integrierte Nisthilfen, begrünte Dächer oder

Igelnischen, die in Fahrradschuppen eingebaut werden. Doch nicht nur Großprojekte können die Methoden anwenden: Ob du eine Gartenhütte planst, die Fassade dämmen willst oder der richtige Hausbaum gefunden werden soll: Beziehe die Bedürfnisse deiner tierischen Nachbarn, deiner ganz persönlichen Zielgruppe, gleich mit ein. Zum Beispiel kannst du sanierungsbedürftige, zugige Fenster nicht nur gegen besser isolierte austauschen, sondern als kleines Extra zusätzlich mit einer Beschichtung gegen Vogelschlag versehen. In die neue Wärmedämmung werden Höhlen für Fledermäuse integriert. Hast du Spatzen in der Nähe, verlege die Wege mit einer wassergebundenen Decke, um ihnen Sandbäder zu ermöglichen. Das sieht zwar sehr nach Dreckspatz aus, aber die Vögel lieben dieses spritzige Ritual, und nebenbei förderst du damit bodennistende Wildbienen. Die Möglichkeiten des AAD sind grenzenlos und dienen dazu, in den Siedlungen wieder ein Miteinander von Mensch und Tier zu ermöglichen. Lass uns im Garten eine andere Art des Netzwerkens etablieren, bei dem es darum geht, Biotope zu verknüpfen und die Tiere in den Garten zu locken.

WALDGARTEN EN MINIATUR

Das Konzept Waldgarten ist noch neu. Er besteht aus Baum-, Strauch- und Krautschicht und enthält viele essbare Pflanzen. Die Vorteile: Man arbeitet eher mit mehrjährigen Arten, die kaum Arbeit machen. Gehölze bieten Windschutz, speichern Wasser und locken Nützlinge an. Da die meisten Nutzpflanzen Sonne brauchen, ist es eher eine Lichtung oder ein Waldrand als ein geschlossener Forst. Das Praktische: Kleine Gärten ähneln bereits einer sehr lichten Lichtung. Sträucher, Stauden und Rasen sind meist schon vorhanden, vielleicht Obstbäume. Bau darauf auf! Pflanze einen Hausbaum, der auch Essbares produziert, und setze Beerenobst, eine Hasel oder Pimpernuss dazu, darunter essbare Stauden und Wildkräuter und opfere so viel Rasen wie möglich. Nutze auch die Flächen unter den Gehölzen, zum Beispiel für Bärlauch oder Walderdbeeren. In einem großen Garten kannst du alle Register ziehen und gleich mehrere Lichtungen schaffen. So hast du noch mehr Möglichkeiten, dich selbst zu versorgen, zum Beispiel mit Bitterorange oder Chinesischer Jujube (*Zizyphus jujuba*). Letztere bietet Früchte und ernährt in ihrer Heimat die Raupen vom Mehligen Zitronenfalter. Wer weiß, vielleicht findet auch unser Zitronenfalter Geschmack an diesem trockenheitsverträglichen Gehölz?

Vögel, Eichhörnchen und Igel werden begeistert deinen Waldgarten als großen Erfolg feiern, Insekten aus deiner Nachbarschaft werden jubeln bei so viel Futter auf allen Ebenen.

DIE NOT-TO-DO-LISTE

Das ist doch mal eine ausgezeichnete Nachricht: ***Ein Garten der Kategorie Klimawandel- und Biodiversitätsheld muss nicht einmal mehr Arbeit machen als ein streng manikürter Garten der Art, die mit den drei Zutaten Rasen, Kirschlorbeer, Thujahecke und sehr viel nackter Erde auskommen muss.***

Haben wir nämlich die grüne Grundausstattung erst einmal in die Erde gepflanzt und mit möglichst vielen insektenfreundlichen Stauden garniert, können wir uns nun zurücklehnen und auf die brummenden und flatternden Besucher warten. Was wir einfach lassen, sind die vielen lauten, strom- oder benzinfressenden Arbeiten, die nicht nur von unserer Energie zehren, sondern auch Energie verbrauchen, die wiederum CO_2 erzeugt.

Zu den unnötigen Tätigkeiten Marke Energievampir gehören:

- ✗ **LAUBSAUGEN ODER LAUBPUSTEN:** Laub wird lieber leise auf die Beete geharkt, anstatt es in Plastiksäcken zum Wertstoffhof zu bringen.
- ✗ **ÜBERALL LICHTINSTALLATIONEN VERLEGEN:** Das kostet unnötig Energie, vor allem aber bei nachtaktiven Insekten.

Ohne Flugscham: Eine Blumenwiese ist ein Landeplatz für Vögel, denn hier sind Insekten garantiert – also einfach weniger mähen!

- **PESTIZIDE AUSBRINGEN:** Ihre Herstellung ist energieintensiv und sie tragen zum Insektensterben bei.
- **MINERALDÜNGER EINSETZEN:** Lieber nicht! Mineraldünger wird aus Erdöl hergestellt. Er schädigt Bodenleben und Grundwasser.
- **RASEN WÖCHENTLICH MÄHEN:** Stattdessen in größeren zeitlichen Abständen mähen, um Wildkräuter zum Blühen zu bewegen. Die Aktion „No Mow May" ruft dazu auf, den Rasenmäher im Mai gleich ganz stehen zu lassen.
- **KÜBEL JEDES FRÜHJAHR NEU BEPFLANZEN:** Wir setzen auf ausdauernde Gewächse, die einfach sitzenbleiben können.
- **VERBLÜHTE STAUDEN IM HERBST ABRÄUMEN:** Lassen wir sie, wo sie sind. Sie zerfallen von allein, säen sich aus, dienen Tieren als Nahrung oder sind einfach hübsch anzusehen.
- **BEETE UMGRABEN:** Stellt das Bodenleben auf den Kopf, das sich dann erstmal wieder mühsam sortieren muss.
- **HECKE STRENG SCHNEIDEN:** Wer ausreichend Platz hat, pflanzt eine freiwachsende anstatt einer Formschnitthecke.

GRÜNER WIRD'S NICHT? GRÜNER GEHT IMMER!

In kleinen Gärten ist es ein beliebter Taschenspielertrick, durch rankende Pflanzen Platz zu gewinnen für noch mehr Blüten. Doch warum nicht größer denken und alles begrünen, was geht?

PFLANZEN FÜR DIE SEELE

Jetzt ist es amtlich: In einer Leipziger Studie wurde festgestellt, dass in Straßenzügen mit hoher Baumdichte weniger Antidepressiva verschrieben werden als in grauen Ecken der Stadt. Pflanzen wir also auch für unseren Seelenfrieden neues Grün! Gehölze können so viel mehr als nur dekorativ herumstehen. Sie sind in der Lage, Feinstaub aus der Luft zu filtern, mildern Lärm ab und kühlen die Umgebung. Sie sind Lebensraum für Tiere und binden CO_2. Blätter in jeglicher Form können sogar Schall schlucken, anstatt ihn wie ein pflanzenloser Straßenzug zu reflektieren. Auch das tut uns gut.

Das macht Laune an der lila Fassade: Zierapfelbäume vor dem Fenster. Nur das Beet darunter könnte noch fröhlicher bepflanzt werden.

Für alle was dabei: Eine mit Wildem Wein berankte Schuppenwand bietet Nisthilfen für jeden Geschmack.

ICH PFLANZ AN JEDE WAND!

Eine kahle, gedämmte Fassade mit Außenverschattung wirkt zwar gut gegen große Sommerhitze. Doch je länger so ein alle paar Jahre auftretender Jahrhundertsommer dauert, umso mehr wird sich das Mauerwerk aufheizen, bis die Dämmung die Wärme eher drinnen als draußen hält. Ein begrüntes Haus dagegen ist wie eine raffinierte, energieneutrale Klimaanlage. Das Laub der Kletterpflanzen verschattet die Fassade und kühlt durch Verdunstungskälte. Noch dazu wirken die Blätter wie Solarpaneele und schlucken ganz eigennützig CO_2 aus der Luft. Vögel jagen und brüten gern im grünen Pelz der Rankpflanzen. Voraussetzung für eine funktionierende Fassadenbegrünung ist ein Pflanzloch an der Hauswand oder ein großer Kübel. Viele Pflanzen sind leidensfähig und Kummer gewohnt – sie kommen schon mit wenig Volumen klar. Man denke nur an marodierende Götterbaumsämlinge in Pflasterfugen.

SELBST IST DIE KLETTERPFLANZE

Selbsthaftende Emporkömmlinge wie Efeu sind am günstigsten, aber nur anzuraten, wenn die Fassade die oft etwas rabiaten Haftwurzeln aushält. Rankgitter oder Seilsysteme halten die Pflanzen vom Mauerwerk fern und ebnen weniger anhänglichen Arten wie Clematis oder dem Wilden Wein *Parthenocissus inserta*, der im Gegensatz zu *P. quinquefolia* keine Haftwurzeln hat, den Weg nach oben. Der Vorteil ist, dass die Luft hinter den Pflanzen frei zirkulieren kann und Amseln noch mehr stabile Bauplätze für ihre Nester haben, der Nachteil ist die Montage mit Bohrung in die Dämmung, wenn das Haus damit eingekleidet ist.

Auf dem Balkon oder der Terrasse bieten Kübel mit integriertem Rankgerüst immerhin ein wenig Schatten und Kühle – jedes Blatt zählt!

Summen am laufenden Meter: Heimische, insektenfreundliche Kletterpflanzen

Deutscher Name	Botanischer Name	Blütezeit	Höhe	Besonderheiten
Breitblättrige Blatterbse	*Lathyrus latifolius*	VI–X	1–2,5 m	Langlebige Staude, zieht im Winter ein. Für Platterbsen-Mörtelbienen. Für Spalier, Gabione oder Rosenbogen.
Gewöhnlicher Efeu	*Hedera helix*	IX–XI	2–20 m	Immergrün. Klettert mit Haftwurzeln. Wichtig für die Efeu-Seidenbiene.
Wald-Geißblatt	*Lonicera periclymenum*	V–X	2–6 m	Für Gartenhummeln und Nachtfalter. Duftende Blüten. Rückschnitt ist möglich. Braucht ein Rankgerüst mit senkrechten Streben.
Alpen-Waldrebe	*Clematis alpina*	V–VI	2–3 m	Klettert mit Blattranken. Für Spaliere, Gehölze Gabionen oder Wände mit Rankgerüst.
Gewöhnliche Waldrebe	*Clematis viticella*	VII–IX	3–8 m	Klettert mit Blattranken in Gehölze oder an Rankgerüsten. Kann im Frühjahr stark zurückgeschnitten werden.
Zweihäusige Zaunrübe	*Bryonia dioica*	VI–IX	0,5–3 m	Zieht im Winter ein. Hält sich mit Ranken selbst fest. Wichtig für die Zaunrüben-Sandbiene.

Die Zaunrüben-Sandbiene (*Andrena florea*) braucht Zaunrüben. Die kletternden Stauden sind heimisch und werden oft von den Vögeln in den Garten gesät.

STAMMPLATZ GESUCHT!

Keine Angst vor Gehölzen! Jeder noch so kleine Laubbaum lässt zwar jeden Herbst seine Hüllen fallen – und vorher seine Blütenblätter – aber darüber muss man großzügig hinweg- und sie als Geschenk sehen, aus dem später wertvoller Humus wird. Ein weiterer Vorteil: Kein Sonnenschirm der Welt liefert so einen kühlen Schatten. Und während der Schirm kaputtgehen kann oder von Pollen und anderem verschmutzt wird, erfindet sich ein Gehölz jedes Frühjahr neu und ist selbstreinigend. Für schmale Ecken im spartanisch kleinen Vorgarten gibt es minimalistische Lösungen wie den vogel- und insektenfreundlichen Säulen-Weißdorn 'Stricta' oder den Feld-Ahorn 'Nanum' mit nur 2–3 Metern Breite. Noch eine Nummer kleiner sind Stachel- und Johannisbeeren auf Stämmchen veredelt. Sie werfen zwar nur punktuellen Schatten für Liegestuhl-Liebhaber, sorgen aber dafür, dass die Stauden zu ihren Füßen nicht verbrutzeln.

Stare würden Weißdorn kaufen: Der heimische Strauch ist flexibel und kann als Hecke oder Hausbaum dienen.

RAUF AUFS DACH

Dächer können statt mit Teerpappe oder Dachpfannen auch mit Pflanzenteppichen belegt werden. Die grüne Schicht sammelt Wasser und kühlt, während ein unbepflanztes Flachdach im Sommer schon zum Anbraten von Spiegeleiern taugt. Auch für Insekten ist so ein blühendes Buffet in luftiger Höhe der Himmel auf Erden. Bei der Dachbegrünung muss man sich je nach Statik des Daches und des Pflegeaufwands für eine extensive oder intensive Variante entscheiden. Bei der extensiven beträgt die Substrathöhe 6–12 mm, geeignet für kleine Pflanzen wie *Sedum* und niedrige Thymian-Arten. Hier sind bereits fertig bepflanzte Vegetationsmatten erhältlich. Bei der intensiven Dachbegrünung wird die Statik mehr strapaziert. Sie ist für Dachgärten geeignet und erlaubt bei einem Mehr an Substratauflage das Pflanzen von Gehölzen und größeren Stauden. Vor der Anlage muss das Dach in jedem Fall auf seine Dichtigkeit geprüft werden. Ein Hausdach oder ein Dachgarten sollte daher vom Profi begrünt (und bei starker Dachneigung auch lieber vom Profi gepflegt) werden, während du Bauwerke wie ein Carport oder eine Mülltonnenabdeckung auch selbst in Angriff nehmen kannst – und wenn es nur das Dach vom Vogelfutterhaus ist, denn jeder Quadratmeter zählt.

Auch große Insektenhotels können im Oberstübchen bepflanzt werden. Die Bewohner haben es dann nicht weit zu den Blüten. Bei der Füllung des Hotels sollten aber lieber keine Lochziegel verwendet werden.

MAUERBLÜMCHEN ...

Erste! Es gibt Pflanzen, die sind mit allem zufrieden, Hauptsache, sie konnten einen freien Platz an der Sonne ergattern, den andere nicht haben wollten. In dem Spritzschutzstreifen an meiner Hauswand siedeln sich gern Spornblumen in den Kieselsteinen an. Das ist doch schön, wenn Stauden mitdenken und bei der Gartenplanung behilflich sind. In diesem Fall ist das ein Volltreffer, denn Spornblumen brauchen kaum Erde oder Wasser und die Blüten haben genau dieselbe Farbe wie die der Rose im Beet gegenüber. Ein paar Häuser weiter wächst seit Jahren Kalifornischer Mohn mit seinen orangefarbenen Blüten im Niemandsland zwischen einer gelben Hauswand und grauen Pflastersteinen.

Lieber ein

MAUERPFEFFER

auf dem Dach

ALS EINE GERANIE IN DER HAND.

Für jede Lebenslage gibt es die passende Glockenblume. In der Mauer wächst die Sternpolster-Glockenblume, im Beet steht die Nesselblättrige.

... UND NISCHENPRODUKTE

Die kleinen Lückenfüller kann man sich auch gezielt zunutze machen und wenig begangene Wege gleich so verlegen, dass zwischen den Steinen großzügige Lücken bleiben, die sich mit trittfesten kleinen Stauden wie Feld-Thymian, Mauerpfeffer oder Sternmoos begrünen lassen. Auf diese Weise kann auch Regenwasser besser versickern als bei versiegelten Pflasterfugen und Wildbienen finden Nistplätze. Zum Auffüllen der Fugen verwendet man ein Gemisch aus Sand mit magerer Erde. Erscheinen Sämlinge größerer Stauden zwischen den Pflastersteinen – und das passiert selbst bei den kleinsten Lücken – kann das am Wegesrand ganz reizvoll aussehen, sofern es Arten sind, die die Trockenheit an diesem Extremstandort aushalten. Löwenmäulchen oder Glockenblumen zum Beispiel verwildern gern auf Wegen. Wo sie nicht stören, sind sie pflegeleichte blühende Bienenfreuden zum Nulltarif. Bevor eine Pflanze zum Hindernis wird, kann man sie frühzeitig herausziehen und umsetzen.

SCHOTTERGÄRTEN WIEDERBELEBEN

Es ist das Zeitalter der versteinerten Vorgärten, in denen höchstens streng geschnittene Solitärgehölze an das Grün erinnern, das hier fehlt. In vielen dieser Anlagen stört nicht mal mehr eine einzige Pflanze die uniforme graue Atmosphäre der Steinwüste. Im Herbst wird so manche Schotterauflage sogar noch mit einem Plastiknetz abgedeckt, damit sich auch kein Falllaub einnisten kann und am Ende Humus bildet. Bei Sommerhitze wird der Raum vor dem Haus dank der Steine noch heißer – und die Räume im Inneren gleich mit. Diese Flächen sind daher nicht gut für das Stadtklima und für Tiere ein verlorener Raum. Regen kann auf der Fläche nicht gut versickern, nicht kühlen und keinen Beitrag zum Grundwasser leisten, der Vorgarten gilt also damit als versiegelt. Da es so viele dieser Schottergärten gibt, kann es natürlich sein, dass du einen mit deinem Haus mitgekauft hast und ihn loswerden möchtest oder ihn aus anderen Gründen wieder zum Leben erwecken möchtest. Die Entsorgung der meist nicht ganz so kleinen Steine ist teuer, daher kannst du probieren, den Vorgarten umzubauen. Zunächst müssen leider alle Schotterteile runter, damit du an die obligatorische Unkrautfolie kommst, denn sie muss entfernt werden, damit die Pflanzenwurzeln wieder den Boden erreichen können und die Gefahr von Mikroplastik gebannt ist.

KIESBEETE BEPFLANZEN

Sobald das Erdreich aufatmen kann, kannst du größere Pflanzen hineinsetzen. Es eignen sich trockenheitsresistente Gewächse wie Sukkulenten, Spornblumen, Steppen- oder Walzen-Wolfsmilch, Lavendel, Salbei und viele andere. Auch Krokusse und Wildtulpen dürfen direkt mit in das Pflanzloch einziehen. Dürrefeste Gehölze für Wildbienen sind eine gute Ergänzung, zum Beispiel Ginster, Schwarzwerdender Geißklee, Dornige Hauhechel oder Purpur-Zwergginster. Nun ist die Gelegenheit, den Schotter doch noch loszuwerden oder ihn wieder auf das Beet zu wuchten, vorsichtig um die Pflanzen zu drapieren und mit feinerem Material wie Sand oder Split zu mischen. Die kleineren Anteile wandern in die Lücken der größeren Steine. Zusammen mit einer Kompostauflage wird das Ganze schon wieder für Pflanzen bewohnbar. Vor allem Arten, die sich selbst aussäen, werden die Zwischenräume zwischen den Steinen schnell für sich entdecken. Totholz kann als belebendes Element dienen, Feuchtigkeit abgeben und gleichzeitig einen Kontrast zum grauen Stein bilden.

Du hast den Schotter schön: Wiesen-Salbei und *Sempervivum* in einem lebendigen Kiesbeet.

BODENLOS GLÜCKLICH: GÄRTNERN OHNE GARTEN

Du möchtest so richtig nachhaltig gärtnern, hast aber keinen Garten? Das wäre doch jammerschade, wenn es daran scheitern würde. Zum Glück gibt es Alternativen zum grünen Grundbesitz.

In diesem Gemeinschaftsgarten hat jeder ein eigenes Beet mit Hausnummer. So kommt sich niemand in die Quere und die Arbeit ist überschaubar.

BEHUTSAM BEGINNEN

Vielleicht gibt es in deiner Nachbarschaft ältere Leute, denen ihr Garten zu viel geworden ist und die sich über ein wenig Hilfe freuen würden? Im Gegenzug darfst du vielleicht ein Blumenbeet gestalten oder Gemüse heranziehen. Nicht immer passt der naturnahe Stil zum Gartenbesitzer. Respektiere auf jeden Fall die Wünsche des Eigners, denn wenn ein grüner Rasen der ganze Stolz ist, kommt ein Hügelbeet mittendrin nicht gut an, da können die Tomaten noch so adrett aufrecht stehen. Manchmal handelt es sich aber um ein schon sehr von Brombeeren und anderen piksigen Pionieren überwuchertes Areal, wo ein kunterbuntes Beet für Bestäuber ordentlicher aussieht als der Ausgangszustand. Oft muss man behutsam vorgehen und Überzeugungsarbeit leisten, doch mit einer Teilhabe an frischem Gemüse ist das Eis bald gebrochen.

DEM HIMMEL SO NAH: BALKONGÄRTNERN

Als ich noch einen Balkon hatte, habe ich als erste Amtshandlung das Balkongeländer mit Blumenkästen voll gehängt und darin Stauden gepflanzt. Mehrere Bienenhotels folgten. Für das richtig heimelige Dschungelfeeling fehlten aber noch mehr Pflanzen. Bald hatte ich einen Beistelltisch vom Sperrmüll dort hoch gewuchtet und mit Töpfen begrünt. Kohlweißlinge flogen in den zweiten Stock und ihre Larven fraßen meine Rucola weg, aber ich war glücklich, weil hier das pralle Leben in Form von prallen Raupen tobte. Das reichte noch nicht und bald darauf musste ich jede nur erdenkliche Erfindung mein Eigen nennen, mit der man noch mehr Pflanzgefäße an den Balkon bekommt. Vom Fallrohr-Klammer-Topf bis zu Metallgestellen zum Aufhängen für einen einzelnen Kübel hatte ich alles. Heute wäre ich im Paradies, gibt es doch mittlerweile sogar ganz schmale Anlehn-Hochbeete und Pflanzregale für noch mehr Pflanzenfreude. Oder Wurmkisten zum Kompostgewinnen auf dem Balkon. Keine Frage: Balkone schwingen sich leicht zum Lebensmittelpunkt für dich und viele Tiere auf. Das muss nicht mal mit viel Schlepperei verbunden sein, denn neuerdings gibt es wahre Fliegengewichte von Blumenerdetüten. Zum Beispiel gibt es torffreie Erde vorgetrocknet in der Papiertüte oder andere gewichtsreduzierte Mischungen.

EIN SCHÖNER BALKON STECKT AN

Wenn du einen noch kahlen Balkon hast, kann die Beschäftigung mit ihm der Beginn einer wunderbaren Freundschaft sein und die Initialzündung für ein lebenswertes Haus, denn ein bunter Balkon weckt Begehrlichkeiten und findet Nachahmer unter den Bewohnern. Eichhörnchen erklimmen dein grünes Reich, wenn Bäume in der Nähe sind, und du kannst sie sogar zum Bau eines Kobels bewegen, sofern sie heimelige Nischen finden. Stieglitze plündern die Samen von Korn- und Sonnenblumen. Spatzen, Amseln und Meisen schauen vorbei und brüten vielleicht sogar direkt vor deinem Fenster, wenn du ihnen Nistkästen oder Versteckmöglichkeiten bietest. Wanderfalter und Schwebfliegen haben keine Berührungsängste und fliegen auch in die oberen Stockwerke. Heimische Wildpflanzen wachsen in Töpfen gut und sind bei Tieren beliebter als Geranien. Also sei dabei und werde Balkonbotschafter!

Ein Wildpflanzenbalkon muss nicht wild aussehen. Wählt man die Gefäße in derselben Form und Farbe, wirkt alles ganz harmonisch.

GEMEINSAM SIND WIR GRÜN

Eine andere Alternative sind Ackerparzellen zum Mieten. Hier bekommst du die Gartengeräte gestellt und kannst den Anbau für eine Saison ausprobieren, danach läuft das Mietverhältnis automatisch aus.

Die Initiativen zur Solidarischen Landwirtschaft schießen wie Pilze aus dem Boden – zum Glück für dich, denn so kannst du auch ohne Garten am Gemüseanbau teilnehmen. Das Prinzip SoLaWi beruht darauf, dass eine direkte Wirtschaftsgemeinschaft zwischen Erzeuger und Verbraucher entsteht. Der Landwirt bekommt Mitgliedsbeiträge von den Verbrauchern, im Gegenzug bekommen die Mitglieder die gesamte Ernte. So bekommt der Landwirt Planungssicherheit und die Verbraucher unterstützen eine ökologische Anbauweise. Auch wird so weniger weggeworfen, denn hier darf die Möhre krumm sein, die Gurke gern mal eine Runde drehen und sich verbiegen, oder die Kartoffel die Größe eines Radieschens haben. Da die Produkte nicht den Marktnormen entsprechen müssen, wird kein Gemüse diskriminiert wegen seines Aussehens. SoLaWis haben oft witzige Namen, wie „Crowd und Rüben", die schon etwas zum Prinzip aussagen. Du kannst in vielen Betrieben aber mehr sein als nur stiller Teilhaber auf der Nahrungssuche nach Biogemüse. Oft gibt es Mitmachaktionen, wo du selbst Hand anlegen und in der Erde wühlen oder ernten darfst.

URBAN GARDENING UND GEMEINSCHAFTSGÄRTEN

Gemeinsame Sache: Dieses Beet an einem Mietshaus wird von den Bewohnern bepflanzt und gepflegt.

In Großstädten werden Brachen oder Baulücken gern übergangsweise für das Gärtnern in Hochbeeten und Kisten genutzt. Der bekannteste Ansatz ist sicher der Prinzessinnengarten in Berlin, den man auch besichtigen kann. Die Teilnahme ist meist zwanglos und ohne Mitgliedsbeiträge möglich, dafür muss man sich aber auch auf das Miteinander einlassen. Oft gibt es keinen Strom und Trinkwasser, denn das Gelände ist improvisiert. Gegärtnert wird in allen möglichen, oft fantasievollen und bunten Gefäßen wie Bäckerkisten, Milchtüten oder Gebäckdosen, in anderen Gärten aber auch in professionellen Hochbeeten aus Holz. In manchen Städten findet der Anbau in luftiger Höhe in Form von Dachgärten statt, da muss das Gemüse genauso wie der Gärtner schwindelfrei sein.
Der Nachteil an dieser Form des Gärtnerns auf städtischen Brachen ist der oft ungesicherte Fortbestand der Projekte. Wird das Gelände dann doch bebaut oder verkauft, muss der Garten weichen. Da sollte man loslassen können und sein Herz nicht allzu sehr an sein Lieblingshochbeet hängen, damit es nicht in Tränen endet.

MITGÄRTNERN IN MIETSKASERNEN

Auch wenn du nur zur Miete wohnst und keinen Balkon hast oder dessen Statik schon unter deinen vielen Pflanzen ächzt, hast du mit Glück eine Möglichkeit zum Gärtnern auf festem Boden. Viele Hausgemeinschaften schließen sich zusammen und bepflanzen das Abstandsgrün rund ums Haus gemeinsam, anstatt dies Grünpflegefirmen zu überlassen. Oft entstehen so artenreiche, blühende Beete anstelle des üblichen Bodendecker-Einerleis aus immergrünen, kastenförmig geschnittenen Kleingehölzen. Es lohnt sich also, in der Nachbarschaft auf Tuchfühlung zu gehen und auszukundschaften, ob genug Gleichgesinnte zusammenkommen. Dann gilt es den Hausbesitzer oder die Wohnungsbaugesellschaft zu überzeugen, dass es sie sogar weniger kostet und die Beete am Ende nicht verlottert, sondern richtig gut aussehen werden. Ein attraktiver Vorgarten kann sogar eine Hemmschwelle gegen Vermüllung durch Passanten sein.

HIER GEHT'S RUND: BAUMSCHEIBEN

In Großstädten ist oft selbst das Abstandsgrün rar gesät und eher Abstandsgrau, wenn die Fassade direkt rechtwinklig in den Gehweg überleitet. Vielleicht gibt es aber eine Baumscheibe, die vom Hundeklo zum blühenden Beet aufsteigen kann? Blumenzwiebeln sind ein guter Anfang, möglicherweise muss man die Baumscheibe mit einem Zäunchen vor Fußtritten schützen. Mit ein bisschen zusätzlicher Erde kann man auch robuste Stauden pflanzen. Nicht alle Bäume vertragen aber ein Aufschütten des Bodens – besonders vorsichtig muss man bei Buchen sein, die nur wenig Erde auf den Wurzeln mögen. Auch wenn es nicht möglich sein sollte, eine Baumscheibe zu bepflanzen, kannst du in den Freiwilligendienst am Baum einsteigen und ihm an heißen Tagen – wenn die Kommune es erlaubt – Wasser spendieren. So hast du auch deinen Anteil für ein gutes Stadtklima erbracht.

Kräuter auf einer Baumscheibe. Auch wenn man sie hier vielleicht nicht essen möchte – für Bienen sind sie prima.

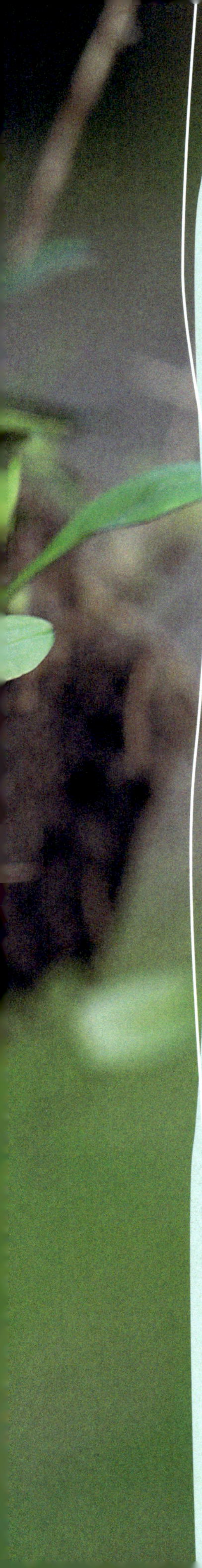

GRÜNER GÄRTNERN: DIE GRUNDLAGEN

Wo bekomme ich Saatgut und Pflanzen und welche Fallstricke gibt es? Hier lernst du nicht nur die Grundlagen kennen, sondern auch die Wappentiere des nachhaltigen Gärtnerns!

GRÜNER PFLANZEN: KAUFEN, SÄEN, VERMEHREN

Den Garten zu bepflanzen, sieht erst einmal einfach aus: Das Grüne kommt nach oben. Und doch kann man in so manche Falle tappen. Wie kommt man nachhaltig an neue Pflanzen?

Lichtnelken sind äußerst freigiebig mit Samen, die sie wie in einem Pokal präsentieren. Du kannst sie so vermehren oder tauschen.

PFLANZEN AUS DER TÜTE

Die einfachste Art, den Garten grün zu bekommen, ist die Aussaat. Sie hat viele Vorteile: Die Saatguttütchen benötigen wenig Material, sind selbst in der Jackentasche gut zu transportieren, ohne eine Beule zu hinterlassen, und man bekommt viele Pflanzen für wenig Geld. Nimmt man dann noch Bio-Saatgut, kann man sicher sein, dass auch bei der Aufzucht der Mutterpflanzen keine Blattlaus zu Schaden kam. Im Frühjahr schießen die Saatguttauschbörsen regelmäßig wie Pilze aus dem Boden. Sie sind eine exzellente Möglichkeit, sogar kostenlos an Samen zu kommen. Vielleicht hast du noch Tütchen von Pflanzen herumliegen, für die du keinen Platz hast, oder die in deinem Garten sowieso schnurstracks von den Schnecken verspeist würden. Nimm sie mit zur Tauschbörse und schon finden sie einen Abnehmer. Tipps zur Aussaat bekommt man bei solchen Veranstaltungen gleich mit dazu, wenn die Leute Saatgut aus ihrem eigenen Garten mitbringen. Außerdem handelt es sich dann um mehr oder weniger regionales Saatgut, das das örtliche Klima bereits ausführlich kennengelernt hat.

F1 UND IMMER GLEICH ...

Besonders bei Gemüsesamen musst du dich noch zwischen F1 und samenfesten Sorten entscheiden. F1 bedeutet nicht, dass die Samen besonders rasant keimen oder gar mit Gentechnik erzeugt wurden, sondern hierbei handelt es sich um pflanzliche Inzucht: Immer wieder werden dieselben zwei Sorten miteinander gekreuzt mit immer demselben Ergebnis, zum Beispiel können die Früchte bestimmter F1-Tomaten besonders groß werden oder die Pflanzen sind besonders resistent gegen Braunfäule. Die Züchtung findet unter Ausschluss der Öffentlichkeit statt: Bestäubende Insekten werden ferngehalten, denn sie würden Pollen der ganz falschen Sorte anschleppen und die schöne F1-Linie sprengen. Ganz schön aufwendig, diese Samen zu produzieren, und die Elternsorten werden oft geheim gehalten. Man kann sich bei F1-Saatgut also darauf verlassen, dass alle Pflanzen aus einem Tütchen genau gleich aussehen, sehr verlässlich also, aber langweilig. Sät man Samen dieser Pflanzen jedoch wieder aus, spaltet sich die Inzuchtlinie in alle möglichen Formen auf und schon ist es mit der Uniformität vorbei, man darf sich überraschen lassen oder eben noch mal ein neues F1-Tütchen kaufen.

... ODER FREIER NATURBURSCHE?

Wenn du also dein eigenes Saatgut gewinnen möchtest, anstatt immer neues zu kaufen, greife zu samenfesten Sorten, die häufig auch in Bioqualität angeboten werden. Natürlich gibt es hierbei keine Garantie, dass alle Nachkommen der samenfesten Sorten immer der Mutterpflanze wie aus dem Gesicht geschnitten sind, denn auch hier kann es zu Kreuzungen kommen. Doch wenn man nur wenige Sorten heranzieht, geht das eine ganze Weile lang gut. Bei Kürbisgewächsen sollte man die Saatguternte aber im Zweifel lieber den Profis überlassen, denn falls sich Zierkürbisse in der Nachbarschaft befinden, kreuzen sie sich ein und die nächste Kürbis- oder Zucchini-Generation kann giftige Früchte hervorbringen. Ohne F1-Saatgut zu gärtnern, hat in jedem Fall einen Hauch von Anarchie und Auflehnung gegen die großen Agrarkonzerne.

Schön und selten: Die samenfeste Bohne 'Blauhilde'.

STAUDEN ERGATTERN

Sehr oft hat man es eilig im Garten, möchte schnell ein grünes Beet sehen und nicht darauf warten, dass aus kleinen Samen stattliche Pflanzen geworden sind. Auch sind manche Arten recht schwer aus Saatgut zu ziehen, etwa weil sie einen Kältereiz brauchen und im Wohnzimmer daher streiken oder weil sie mehrere Jahre auf der faulen Haut liegen und sich erst dann bequemen zu keimen. Auch sind Sämlinge eher gefährdet, von Nacktschnecken vernichtet zu werden, weshalb es sich bei empfindlichen Arten lohnen kann, in größere Pflanzen zu investieren, die schon aus dem Gröbsten raus sind. Lass dich aber bei der Anlage eines neuen Beetes auch überraschen, was die Samenbank des Bodens preisgibt, wenn der Boden umgebrochen wurde: Oft keimen tolle Pflanzen wie Klatschmohn oder Nachtviole, deren Samen nur auf einen günstigen Augenblick gewartet haben, um zu einem Comeback zu starten. Beim Pflanzenkauf sollte man unbedingt darauf achten, dass die Anzucht ohne Pestizide erfolgt ist. Das Biosiegel gibt es mittlerweile auch bei Stauden und Blumenzwiebeln. Es muss aber auch hier gar nicht unbedingt auf einen Kauf hinauslaufen: Viele Stauden oder auch Schneeglöckchen lassen sich im Herbst oder Frühjahr mit dem Spaten teilen und schon hat man sie ganz einfach vermehrt. Du kannst Freunde oder Nachbarn um Ableger bitten, wenn dich eine Staude in ihrem Garten ganz besonders interessiert. Auch Staudenbörsen sind eine gute Quelle und oft kostenlos, wenn man Tauschware mitbringen kann. Natürlich wird man so am ehesten Kandidaten bekommen, die gern wuchern und wie der Teufel Ausläufer treiben, aber oft sind gerade das die besten Wildbienenstauden, wie die Gilbweiderich-Arten, Taubnesseln oder Wald-Ziest.

Auf Tauschbörsen gibt es Pflanzen oft wurzelnackt, frisch aus dem Beet, hier Blut-Storchschnabel und Kandelaber-Ehrenpreis.

Man liebt,

WAS MAN SÄT.

Wenn man die Samenstände stehen lässt, wird man mit viel Pflanzennachwuchs belohnt.

TEILE UND HERRSCHE

Andere säen sich selbst aus, zum Beispiel viele Storchschnäbel, und so kann man dann doch Ableger besonderer Pflanzen bekommen. Viele Stauden lassen sich im Frühjahr auch aus Stecklingen vermehren, indem man ihnen die Spitze abschneidet und sie in Erde pflanzt. Hierbei erhält man einen Klon der Mutterpflanze, der sogar recht früh in seinem jungen Leben blüht, was oft recht putzig aussieht, wenn so ein winziger Steckling eine unverhältnismäßig große Blüte auf dem Kopf hat. Es gibt also auch bei Stauden den Turbo-Gang zum schnellen, ressourcenschonenden und kostenlosen Begrünen eines neuen Beets. Meistens pflanzt man sowieso viel zu eng, sodass es anfangs gar nicht so viele Stauden braucht. Selbstversamende Stauden sind ebenfalls gute Lückenfüller. Im ersten Jahr sind Einjährige ein prima Übergangsszenario, da sie in Nullkommanix heranwachsen und im selben Jahr blühen, außerdem sind viele leicht aus Samen zu ziehen. Das verschafft dir einen Puffer, in der Zwischenzeit weiter auf die Jagd nach kostenlosen Stauden zu gehen.

Ameisen verbreiten die Samen vom Gefingerten Lerchensporn – bald wächst er überall auf humosen Böden, wird aber nie lästig.

DIE AMEISE: DEIN FREUND UND HELFER

Ameisen machen nicht immer Freude, wenn sie Blattläuse wie Vieh halten oder Wurzeln im Topf so lange untergraben, bis die Bewohner keine Erde mehr an den Wurzeln haben und vertrocknen. Man sollte ihre Dienste jedoch nicht unterschätzen, denn viele Gartenpflanzen sind auf sie als Samenverbreiter angewiesen. Vor allem Waldpflanzen und viele Geophyten biedern sich den kleinen Krabblern geradezu an: An den Samen klebt ein fettreiches Anhängsel, das Elaiosom. Dieses ist bei Ameisen ein beliebter Snack und so machen sie den Samen Beine, was Myrmekochorie genannt wird. Im Nest erst entfernen sie das Elaiosom und entsorgen die für sie nun nutzlos gewordene Saat irgendwo. Der Samen findet gute Keimbedingungen vor und wurde weit genug von der Mutterpflanze verschleppt, um keine Konkurrenz für sie zu sein. Lerchensporn, Krokusse, Vergissmeinnicht, Schneeglöckchen, Leberblümchen, Mandelblättrige Wolfsmilch und viele andere Stauden setzen ganz auf die Hundertschaft der Ameisen. Und so hat man bald einen kostenlosen Blütenteppich im Garten.

GRÖSSERE GARTENBEWOHNER

Das nächste Level im Garten sind Gehölze. Dies ist schon anspruchsvoller. Obwohl der Garten immer zu Höherem strebt und ständig Ambitionen hat, zum Wald zu werden, sind die Sämlinge doch meist nicht beliebt. Besonders engagiert bei der Übernahme der Staudenbeete sind Ahorn, Birke, Esche und Linde. Andere werden von Eichelhäher und Eichhörnchen gepflanzt, wie Hasel, Eiche und Walnuss. Immer wieder findet man Sämlinge dieser Arten. Wenn du Platz hast und vor allem viel Geduld, kannst du sie zum Baum heranwachsen lassen. Da der Sämling alle Freiheiten hat, sein Wurzelwerk auszubilden, ohne dass wir ihm Hindernisse in Form eines Topfes in den Weg legen, ist so ein Gehölz extrem robust und trockenheitsresistent. Besonders Arten mit Pfahlwurzeln leiden nämlich in der Baumschule, wenn ihr Wurzelballen beim Verschulen immer wieder gekappt wird. Der Nachteil der Sämlinge ist: Man bekommt nur Wildlinge, aber keine besonderen Sorten, wie besonders zwergenhafte, die auch ohne Schnitt in kleine Gärten passen würden. Bis die selbst gesäten Gehölze Früchte tragen oder blühen, kann es etwas länger dauern, zum Beispiel bei Walnüssen. Soll es also etwas Spezielles und rasch Tragendes sein, sind wurzelnackte Gehölze aus der Biobaumschule der Königsweg, sie brauchen keinen Plastikcontainer. Je kleiner die Ware ist, umso besser wird sie anwachsen und umso eher wird sie mit Dürre zurechtkommen.

Bäume für kleine Gärten, wie diese Kugelrobinie, sind käuflich, jedoch nur schwer selbst heranzuziehen.

DIE MEISTERKLASSE: VEREDELUNG

Wenn du ganz engagiert nachhaltige Bäume selbst heranziehen möchtest mit allen Eigenschaften, die du dir wünschst, besuche einen Kurs zur Veredelung von Obstbäumen. So kannst du besondere oder gefährdete Sorten retten und auf einen Sämling aufpfropfen oder einen Obstbaum umveredeln. In meinem Garten wächst zum Beispiel eine Kirschpflaume, die unglaublich leckere Früchte trägt, die eine fantastische Marmelade ergeben. Doch trotz aller

Leckereien, die diese vermutlich uralte Pflaume als Bestechung hergibt, so sehr nervt sie auch mit ihren Ausläufern. Das Gehölz lässt sich also sehr gut vermehren, hat aber stets den Hang dazu, eine Hecke zu werden. Ich habe daher schon Zweige und Ausläufer zum Veredeln abgegeben. Man muss die hohe Kunst also nicht selbst beherrschen, solange man einen Experten zur Hand hat.

STRÄUCHER: EINFACH VERMEHREN

Gehölze ohne Stamm wie die Sträucher sind deutlich einfacher selbst zu vermehren als Bäume. Bei vielen funktioniert die Vermehrung aus Stecklingen im Frühjahr ganz hervorragend und man bekommt genau die Sorte, die man möchte, man muss nur die richtige Mutterpflanze finden. Obststräucher – auch die zierenden wie die Blut-Johannisbeere – dazu Weiden, Liguster und Geißblätter nehmen kaum etwas übel und eignen sich gut zur Stecklingsvermehrung. Die Zweigabschnitte werden so weit wie möglich in die Erde gesteckt und gut feucht gehalten. Einige wie der Liguster treiben auch in der Vase recht schnell Wurzeln, sodass man eine Hecke schnell zusammen hat.

Wenn ein Baum sich dünn machen soll, wie zum Beispiel ein Säulenapfel, kommt man um eine Baumschule meist nicht herum.

STRÄUCHER: GESCHENKT UND GUT

Der Holunder und auch das Pfaffenhütchen sind Rotkehlchens Liebling und so keimen überall Sämlinge. Die ganz kleinen kannst du noch umpflanzen. Da die Vögel aber gern auf anderen Gehölzen sitzen, wenn sie die Samen mit einem Paket Dünger herum in den Garten fallen lassen, keimen die Pflanzen gern in oder in der Nähe von Hecken und unter Bäumen. Das kann sogar genau der Platz sein, wo ein Pfaffenhütchen gut hin passt. In meinem Garten haben die Vögel mir eines genau mittig vor die Hecke gesät, und zwar exakt dort, wo ein Strauch abgestorben war, sehr praktisch.

Manche Geschenke kann man einfach so annehmen, vor allem, weil Sträucher rascher wachsen als viele Bäume, so wird die Geduld weniger strapaziert. Große Freude machen auch die Sämlinge der Rotblatt-Rose (*Rosa glauca*), die sogar in Pflasterfugen auftauchen und in ein paar Jahren zu hübschen, blühenden Gehölzen werden.

Wunderschöne Nervensäge: Die Bibernell-Rose treibt gern kratzige Ausläufer.

AUSLÄUFER: FLUCH ODER SEGEN?

Bei Sträuchern, die Ausläufer bilden, wie Hartriegel, Schlehen oder einige Wildrosen, ist es zwar sehr einfach, an kostenlose, wurzelnackte Exemplare zu kommen, allerdings kann der Frust auch sehr groß sein, wenn diese Gehölze wenig später zur Hochform auflaufen und den ganzen Garten mit eben diesen kostenlosen Ausläufern beschicken. Wenn man sie nicht gerade zwischen gepflasterten Wegen einschließen kann wie in Alcatraz, sollte man vorsichtig mit ihnen sein. Bei meinen unvorsichtigerweise in den Garten geholten Wucher-Rosen, wie bei der Bibernell-Rose, bin ich faul und schneide die Ausläufer kurz über dem Boden ab, anstatt sie auszugraben. Das funktioniert ganz gut und man hinterlässt keine Schneise der Verwüstung, wenn man einen Ausläufer samt Teleskop-Wurzel herauszieht. Bei einigen notorisch ausläufertreibenden Pflanzen gibt es zahme Veredelungen, zum Beispiel bei Schlehe (Sorte 'Reto') oder Essig- und Kartoffelrose. Doch Obacht: Selbst alte, begehrte Rosensorten wie die 'Rose de Resht' gibt es veredelt oder auf eigener Wurzel stehend. Letztere treibt munter Ausläufer, die immerhin ein beliebter Geschenkartikel sind und immer einen Abnehmer finden.

QUALITÄTSKONTROLLE

Bei Veredelungen oder Raritäten von Sträuchern gilt das Gleiche wie bei Bäumen: Wurzelnackte Bioware ist am besten. Bei Containerware schaue dir den Wurzelballen gut an, ziehe die Pflanze also vorsichtig aus dem Topf: Bekommen die Wurzeln schon einen Drehwurm oder wachsen aus dem Abflussloch, standen sie zu lange im Topf und werden große Schwierigkeiten haben, sich im Garten einzugewöhnen. Beim Pflanzen von Topfware ziehe den Wurzelballen etwas auseinander und schüttle so viel wie möglich der alten Erde heraus, um die Pflanze zu motivieren, sich mit dem ungewohnten Gartenboden zu beschäftigen. Die beste Pflanzzeit bei zuverlässig winterharten Gehölzen ist immer der Herbst, denn auch im Winter wachsen die Wurzeln noch weiter und finden die nötige Bodenfeuchte, die im Frühjahr oft fehlt.

DAS GRÜNE WOHNZIMMER

Zimmerpflanzen sollen das Raumklima verbessern, doch oft bekommt man eher das Gegenteil, wenn die grünen Mitbewohner mit Pestiziden verseucht sind.

Leider ist es die Regel, dass Pflanzen in tropischen Ländern unter einem Großaufgebot an Insektiziden herangezogen werden, was die Umwelt und die Arbeiter belastet. Im Supermarkt stehen sie in torfhaltiger Erde, einem Plastiktopf und oft noch dazu in Klarsichtfolie. Doch das Blatt wendet sich auch hier: Es gibt mittlerweile Gärtnereien, die in großem Stil tropische Pflanzen mit Biosiegel produzieren. Sie überzeugen auch die Ursprungsländer der verwendeten Stecklinge, auf Pestizide zu verzichten. Es geht aber noch einfacher und ohne Anreise aus den Tropen: Viele Zimmerpflanzen lassen sich aus Ablegern vermehren. Alles, was du dafür brauchst, ist jemand, der die Pflanze deines Herzens zuhause hat und bereit ist, ein Stück davon abzugeben. Beispiele sind Grünlilie, Monstera, Dracaena, Bleistiftkakteen, Ficus, Philodendron oder Geldbaum. Bei Sukkulenten reicht meist schon ein einziges dickes Blatt als Beute.

GETEILTE PFLANZEN

sind doppelte Freude.

WER SCHAFFT DEN NACHHALTIGSTEN PFLANZENKAUF?

Dem Garten etwas zum Anziehen zu kaufen ist oft noch dankbarer, als sich selbst neue Klamotten zu gönnen. Gar nicht so leicht, die Ökobilanz dabei im Auge zu behalten. Man muss zwar etwas recherchieren und die Stauden hüpfen nicht mehr so spontan in den Einkaufswagen wie beim Besuch im Gartencenter, aber es lohnt sich!

2 PUNKTE

Sieh den Pflanzen nicht nur in die Blüten, sondern schau nach, was sie an den Füßen haben, denn so entscheidet sich ihr ökologischer Fußabdruck! Ein pechschwarzer Plastiktopf hat in der Sortieranlage beim Recycling den Schwarzen Peter, denn sein Material wird von den Nahinfrarotscannern nicht erkannt, daher wird er aussortiert und verbrannt. Bunte, helle Töpfe dagegen können recycelt werden, manche sind sogar schon als Topf wiedergeboren worden. Der Umweltengel prangt dann gern auf so einem Behälter – und wir sind auf dem besten Weg, einer zu werden.

3 PUNKTE

Mit Rückfahrkarte: Die Farbe des Topfes ist eine reine Äußerlichkeit, wenn du den Topf zurückgeben kannst. Kleine Betriebe und Gärtnereien in der Nähe können die Töpfe so ganz direkt recyceln. Dies funktioniert am besten, wenn du die Stauden nach dem Kauf gleich einpflanzt, bevor sich also fiese Beläge oder Krankheiten einnisten können. Ein makelloser Topf Marke Saubermann kann in der Gärtnerei direkt wieder bepflanzt werden, ohne Kosten und Energie für die Reinigung. 4 Punkte gibt es für Mehrweg-Töpfe in freundlichen, recyclingfähigen Farben.

5 PUNKTE

Die Staude hat eine weiße Weste, was Pestizide angeht. Das ist gar nicht so selbstverständlich: Bei einer Untersuchung hat der BUND Baumarktpflanzen auf Pestizidrückstände getestet und dabei in 40 Prozent der Proben Bienengifte gefunden. Besonders perfide: Das war oft sogar bei als bienenfreundlich beworbenen Stauden der Fall. Kauf also möglichst Pflanzen mit Biosiegel. Es gibt zum Glück immer mehr biologisch arbeitende Gärtnereien. Kleine Anbieter können sich aber oft keine Zertifizierung leisten. Wenn du dem Verkäufer vertrauen kannst, sind die Pflanzen auch ohne Prädikat eine gute Wahl.

5 PUNKTE

Jetzt wird es besonders knifflig, denn den Torfanteil in der Blumenerde sieht man der Pflanze nicht immer an. Oft ist das Substrat so einheitlich fein, dass es sich schnell als Torf verrät. Holzbestandteile im Topf weisen dagegen auf eine mindestens torfreduzierte Mischung hin. Sicher ist man, wenn man den Betrieb kennt oder vorher nachfragt, was verwendet wird. Immer mehr Gärtnereien stellen eigene Erden her und reduzieren den Torfanteil immer weiter.

15 PUNKTE

Stauden vom Acker machen – das ist die Königsklasse. Manche Betriebe bieten Stauden wurzelnackt an. Diese wachsen auf dem Feld und werden für dich ausgegraben. Das geht am besten in der Ruhezeit von Herbst bis Frühjahr. Im Sommer würde es Gärtner und Pflanze zu viel Kraft kosten. Diese Stauden sind gleich in mehreren Disziplinen die Spitzenreiter: Sie brauchen keinen Topf, konnten ihre Wurzeln frei entfalten und wachsen ohne Torf.

Hier ist es einfach: die Pflanze wurde netterweise als torffrei gekennzeichnet.

#PLASTIKTÖPFE – HERAUSFORDERUNG ANGENOMMEN? WIE VIELE PUNKTE SCHAFFST DU?

JETZT WIRD'S SCHMUTZIG: BODEN-BASICS

Pflanzen brauchen mehr als Luft und Liebe. Neben Sauerstoff, CO_2 und Wasser möchten sie Nährstoffe haben und bilden Allianzen im Untergrund. Tauch ein in die Welt unter deinen Füßen!

WAS PFLANZEN WOLLEN

Egal ob Mammutbaum oder Möhre: Pflanzen brauchen eine Grundausstattung an Nährstoffen, damit sie gesund und munter bleiben. Je besser ein Gewächs versorgt ist, umso eher kann es Schädlinge abwehren – und das riecht man manchmal sogar! Sekundäre Pflanzenstoffe, wie sie zum Beispiel das leckere Aroma beim Salbei hervorrufen, kann er nur produzieren, wenn es ihm richtig dufte geht, er also alle Nährstoffe bekommen hat.
Diese lassen sich in Makro- und Mikronährstoffe, auch Spurenelemente genannt, unterteilen. Makronährstoffe braucht die Pflanzen in rauen Mengen, Mikronährstoffe in kleinen Dosen. Welche sind das genau?

Gut genährt ist halb gewachsen: Wenn die Pflanzen alle Nährstoffe haben, sieht man ihnen das an: Sie sind grün und gesund.

Die Makronährstoffe
(Wasserstoff, Sauerstoff und Kohlenstoff bekommt die Pflanze aus dem Wasser und der Luft)

Name	Funktion	Mangelerscheinung
Stickstoff (N)	Baustein von Proteinen, z. B. Enzymen, DNA/RNA und Chlorophyll	Ältere Blätter werden gelb.
Phosphor (P)	Bestandteil von DNA/RNA und Zellmembranen sowie universeller Energieträger in Zellen (ATP)	Ältere Blätter werden bläulich grün.
Kalium (K)	Steuert den Wasserhaushalt der Zelle	Ältere Blätter bekommen braune Flecken oder welken.
Calcium (Ca)	Signalmolekül, Bestandteil von Zellwänden und einigen Enzymen	Verformungen der Wurzeln, Triebe oder jungen Blätter.
Magnesium (Mg)	Zentralgestirn im Chlorophyll	Blattadern bleiben grün, der Rest des Blattes wird gelb.
Schwefel (S)	Baustein der Aminosäuren Cystein und Methionin	Jüngere Blätter werden gelb.

Da die Makronährstoffe in größeren Mengen gebraucht werden, stehen sie in Düngemitteln an erster Stelle – die Bezeichnung Voll- oder NPK-Dünger meint die glorreichen Drei Stickstoff, Phosphor und Kalium. Zu den Mikronährstoffen zählen Bor, Chlor, Kupfer, Eisen, Mangan, Zink, Molybdän und Nickel.

DIENSTBOTEN IM UNTERGRUND

Wie kommen die Nährstoffe in die Pflanze? Entweder sie sind wasserlöslich und gelangen einfach mit dem Wasser in die Wurzel, oder sie haften an Bodenpartikeln und werden im direkten Kontakt zum Rhizom aufgegriffen. Diffusion hilft dabei, die Moleküle in die Wurzelzellen zu transportieren. Doch verlassen sich die Pflanzen nicht nur auf diese einfachen Mechanismen, sondern bilden eine Partnerschaft mit Bakterien und Pilzen. Dafür gehen sie sogar in Vorleistung und sondern Kohlenhydrate, Lipide oder andere Leckereien als Exudate in den Boden ab. Diese sind für die Dienstboten unwiderstehlich und im Gegenzug liefern sie der Pflanze Nährstoffe.

Die Partnerschaft mit Pilzen wird Mykorrhiza genannt. Mehr als 90 Prozent aller Pflanzen nehmen sie in Anspruch. Pilze sind prima, weil sie mit ihren dünnen Hyphen in noch kleinere Bodenporen vordringen können als Wurzeln und so für die Pflanze auch in großer Distanz Wasser und Nährstoffe aufspüren. Phosphor verbindet sich sehr schnell sehr fest mit den Bodenpartikeln, sodass die Pflanze ihn nicht mehr loseisen kann. Mykorrhiza-Pilze aber können diese Verbindung lösen und der Wurzel Phosphor liefern, neben Stickstoff, Kupfer und Zink. Manche Pflanzen leben auch in Symbiose mit Bakterien, die Luftstickstoff in eine pflanzenverfügbare Form umwandeln. Besonders Schmetterlingsblütler sind Meister darin, sie lassen die Bakterien sogar in Wurzelknöllchen wohnen und füttern sie mit Kohlenhydraten.

Paperpots sind praktisch und können mit eingepflanzt werden. Gegen Stickstoffmangel beim Abbau am besten organischen Dünger mit ins Pflanzloch geben.

Torffreie Erde enthält oft Holz, das kurzerhand von Pilzen zu pflanzenverfügbaren Nährstoffen abgebaut wird, der Abbau entzieht aber zunächst Stickstoff.

VOLLDÜNGER VERSUS NATUR

So läuft es idealerweise ab. Und doch verlassen wir uns oft auf zugekaufte Dünger wie Blaukorn und machen die sagenhaften Symbiosen damit überflüssig. Da kann die Pflanze sich die teure Abgabe von Kohlenhydraten an den Boden doch sparen! Ist Dünger denn wenigstens nachhaltig? Mineraldünger enthält Stickstoff, der nach dem Haber-Bosch-Verfahren aus Luftstickstoff gewonnen wird, was zwar genial, aber nicht gerade energiesparend ist. Phosphor wird dagegen im Tagebau gewonnen, der langsam, aber sicher zur Neige geht. Kalium ist recht einfach aus Mineralien zu gewinnen, doch auch dies verbraucht Energie. Mineralischer Dünger erzeugt also bei der Herstellung CO_2, er kann bei zu hoher Dosierung aber auch die Feinwurzeln der Pflanzen verätzen oder das Wachstum von Mykorrhiza-Pilzen hemmen. Am Ende ist es der Pflanzenzelle ziemlich egal, woher die Nährstoffe gekommen sind, doch chemische Dünger ernähren ausschließlich die Pflanze, organische aber auch das Bodenleben und bauen so Humus auf.

DAS DÜNGER-DILEMMA

Wir haben ja bereits erfahren, dass Phosphat, kaum ist es im Boden, schnell für die Pflanze unerreichbar wird, weil die Bodenpartikel ihn sich schnappen. Daher muss man immer wieder nachdüngen, wodurch sich der gebundene Phosphatanteil noch weiter erhöht. Um diese stille Reserve zu aktivieren, bräuchte es Pilze, die wir aber mit zu viel Dünger erfolgreich vergrault haben. Außerdem bindet zu viel Phosphor Eisen, das den Pflanzen dann fehlt. Ein Stickstoffüberschuss dagegen wird ins Grundwasser ausgewaschen, kann aber vorher durch Versauerung dafür sorgen, dass Magnesium, Kalzium und Kalium verloren gehen. Empfindliche Pflanzen leiden, während die einschlägigen Stickstofffans wie Brennnessel und Co deinen Garten lieben werden! Springschwänze, Milben und Regenwürmer meiden überdüngte Stellen wie der Teufel das Weihwasser. Es ist also für alle Beteiligten besser, höchstens organischen Dünger zu verwenden, welcher das Bodenleben fördert. Am besten ist Kompost, denn er verbessert den Boden und liefert viele Mikroben und andere Bodenlebewesen gleich mit, zudem erhöht er das Wasserspeichervermögen. Er hat im Gegensatz zu Mineraldünger noch einen großen Vorteil: Mit seinem eher neutralen pH-Wert und verschiebt er das Säure-Milieu des Bodens nicht in die falsche Richtung.

Schafwollpellets halten in trockenem Zustand Schnecken auf Abstand, unterirdisch liefern sie Nährstoffe und speichern Feuchtigkeit.

MUSS MAN DÜNGEN?

Welche Pflanzen müssen gedüngt werden? Im Wald düngt doch auch niemand? Dort ist der entscheidende Unterschied, dass auch niemand das Laub raus harkt und das Totholz wegräumt. Wenn wir nun aber im Garten das Falllaub entfernen oder den Astschnitt in die Biotonne werfen, fehlt den Pflanzen die Biomasse, aus der sie sich die Nährstoffe, die sie für das Wachstum eben dieser Blätter und Zweige investiert haben, zurückholen können, es entsteht ein Defizit. Im Ziergarten ist es daher ganz einfach, die Mangel-Misere zu beheben: Lass einfach das Falllaub liegen und nutze geschredderten Astschnitt als Mulch. Dünne, lebende Äste, etwa vom Heckenschnitt, ergeben gehäckselt sogar eine sehr nährstoffreiche Auflage. Durch die Bodenlebewesen, die sich über die Blätter und Holzstücke hermachen, werden den Pflanzen die Nährstoffe zurückgegeben und man muss nicht düngen. Sämlinge können bei zu viel Mulch an Stickstoffmangel leiden, in dem Fall mische Hornspäne unter die Asthäcksel. Verblühte Stauden kommen mit ein bisschen Verspätung über den Kompost zurück aufs Beet. Auf magerem Boden kann man sich viel Frust ersparen, indem man ihn so lässt wie er ist und Stauden pflanzt, die mit den Bedingungen zurechtkommen, anstatt zu versuchen, gierige Gewächse zu etablieren.

PROBLEMFALL GEMÜSE

Im Gemüsebeet ist die Lage anders. Hier ernten wir die Kohlköpfe, Tomaten und Möhren, essen sie auf und geben nur einen Bruchteil an den Garten zurück. Bei Wurzel- und Knollengemüse kannst du das Laub auf dem Beet liegen lassen, beim Salat aber bleibt zum Mulchen kaum etwas zurück. Kompost aufzutragen ist die Lösung. Da Gemüsepflanzen schnell wachsen, brauchen sie zum Start vor allem Stickstoff. Lass eine Bodenanalyse machen, um den Nährstoffgehalt zu bestimmen. Ich weiß, macht man dann sowieso wieder nicht, sollte man aber viel öfter. Wenn dem Gemüsebeet etwas fehlt und du willst es sofort nutzen, musst du bedenken, dass organische Dünger nicht gerade die schnellsten sind, da sie erst durch die Bodenorganismen zersetzt werden müssen. Hier können natürliche Flüssigdünger punkten.

Mulch macht Mangold munter: Die bedeckte Erde hält den Boden feucht und kühl und verhindert, dass Unkraut keimt.

TIERISCHES IM BEET?

Viele organische Dünger sind nicht vegan und entstammen unschönen Quellen, wie Knochen- oder Blutmehl. Der neue Star am Düngehimmel sind Alfalfa-Luzerne-Pellets, eine gute, relativ rasante Stickstoffquelle, sie liefern aber auch Phosphor und Kalium. Gleichzeitig gegen Trockenheit und Nährstoffmangel – dies allerdings mit Verzögerung – wirken Schafwollpellets, die man in die Erde mischt, wo sie aufquellen und Wasser im Boden halten. Man sollte sie nur nicht wie Düngestäbchen verwenden, denn dann poppen sie einfach nach oben raus. Pferdeäpfel können den Umweg über den Kompost nehmen, da sie sonst zu konzentriert sind. Allerdings weiß man hierbei selten, ob man auch wirklich Bio-Äpfel bekommt. Da die meisten Pferde regelmäßig entwurmt werden, können Rückstände dieser Medikamente im Boden und auch schon im Kompost großes Unheil anrichten und alle möglichen Bodenbewohner abtöten – während die Pferdeparasiten zunehmend resistent werden.

LEBENDER DÜNGER

Wenn du im Garten eine Birke hast und in ihrem Dunstkreis plötzlich Fliegenpilze auftauchen, kannst du dich freuen und du und die Birke dürfen sich entspannen: Der hübsche Glücksbringer ist nicht nur ein kleiner Giftzwerg, er ist auch ein Mykorrhizapartner für den Baum und versorgt die Birke mit Wasser und Nährstoffen. Unter Eichen, Buchen, Kiefern und Esskastanien kann der dienstbare Kaiserling wachsen. Ein gesunder, mikrobiell aktiver Biogarten wird von Hause aus Mykorrhiza-Pilze enthalten, aber in einem Neubaugebiet mit verdichtetem Boden, in einem mit Mineraldünger gestressten Garten oder in den viel zu kleinen Pflanzlöchern von Straßenbäumen fehlen sie oft. Hier kannst du nachhelfen und neuen Gehölzen schon beim Pflanzen im Herbst ein Präparat in den Boden impfen oder nachträglich in Wurzelnähe einbringen. Diese Mittel firmieren auch unter dem Namen Bodenaktivator. Die Pflanzen werden es dir mit besserer Gesundheit und Trockenheitsresistenz danken. Auch wenn du keine Fruchtkörper siehst, arbeiten die Pilze fleißig im Untergrund. Spar dir die Mühe aber bei Kreuzblütlern und Gänsefußgewächsen, denn sie wollen mit Pilzen an ihren Wurzeln nichts zu schaffen haben und machen ihr eigenes Ding. Heidekrautgewächse brauchen dagegen spezielle Mykorrhiza-Pilze.

DIE SACHE MIT DEM KLIMA

Mikroben, Regenwürmer und andere nützliche Bodenlebewesen, die Humus bilden und für die Pflanzen Nährstoffe freisetzen, haben ein Problem mit Trockenheit und Hitze. Ab 35 °C streiken die meisten stickstofffixierenden Bakterien. Auch verdichteten Boden mögen sie gar nicht, denn sie brauchen Sauerstoff für ihre Arbeit. Am Klimawandel kannst du direkt nicht viel ändern, aber als Soforthilfemaßnahme kannst du den Boden mit einer Grabegabel ab und an belüften, was vor allem dem Rasen gut tut. Bedecke die Beete großzügig mit Laub, Mulch und Kompost, denn so wird das Bodenleben vor Austrocknung und Hitze geschützt und gleichzeitig angeregt, die organische Masse zu Humus umzuwandeln, was den Boden locker und offenporig macht. Wenn es dann regnet, wird er nicht verschlämmt und nimmt das spärliche Wasser besser auf. Vermeide großflächiges Umgraben, wässere wenn es nötig ist mit gesammeltem Regenwasser und sorge außerdem für lichten Schatten und Schutz vor austrocknenden Winden in Form von Hecken. Verhindere Bodenverdichtungen, indem du deine Beete nicht allzu oft betrittst. Holzbretter schnell parat gelegt oder Holzscheiben – aus Baumstämmen geschnitten – als festes Element zwischen den Stauden helfen dabei, die Last zu verteilen, wenn du den Pflanzen doch einmal auf die Wurzeln steigen musst. Organische Dünger können außerdem im Gegensatz zu chemischen die Widerstandsfähigkeit der Bodenbakterien bei Dürre erhöhen. Sobald es regnet, erholen sich die Mikroben besser.

EFFEKTIVE MIKROORGANISMEN – EFFEKTIV ODER ESOTERISCH?

Möchtest du einen vernachlässigten Boden wiederbeleben, kannst du nachhelfen und zu Präparaten mit Effektiven Mikroorganismen greifen. Ein EM-Produkt enthält eine konzentrierte Menge regenerativ wirkender Mikroben, die einen aufbauenden Stoffwechsel fördern, Oxidationsprozesse verhindern und CO_2 im Boden halten. Da es nicht nur gute Bakterien gibt, sondern auch pathogene oder CO_2-produzierende Arten, versucht man mit dem Einsatz von EM die neutralen Bakterien im Boden auf seine Seite zu ziehen. Diese sind nämlich Opportunisten und schließen sich der Mehrheit an. Sie können mehrere Stoffwechselwege einschlagen, man muss ihnen nur den richtigen zeigen. Und wenn die Mehrheit einen für die Pflanzenwurzeln nützlichen Stoffwechsel betreibt, muss da ja was dran sein und alle machen mit. Das ist das Prinzip von EM: Durch Gießen mit einem solchen Präparat führt man dem Boden eine Mehrheit an guten Mikroben zu. An EM scheiden sich die Geister, die einen schwören drauf, andere sehen keine Wirkung, doch wird der Effekt in funktionierenden, belebten Böden auch weniger sichtbar als in totem Erdreich, etwa direkt nach dem Hausbau. Schaden kann der Einsatz jedenfalls nicht.

Laub, das nicht so schnell klein beigeben will, wie das von Buchen oder Eichen, kommt auf einen Laubkompost. Er ergibt eine ideale Aussaaterde.

HUMUS IM HANDUMDREHEN

Der Name klingt zarter als der Elfen-Krokus ist. Er wächst gern unter großen Bäumen, hier Spitz-Ahorn, und wühlt sich aus dem Laub hervor.

Wenn du dich gern selbstversorgst, hast du bestimmt viele Obstbäume und Beerensträucher im Garten. Die lassen im Herbst ihre Blätter fallen und das ist gut so, denn das Laub dieser Gehölze ist ein exzellenter Mulch, der eine luftige Beetauflage bildet, Kälte und Hitze abpuffert und die Feuchtigkeit im Boden hält. Alles, was du tun musst, ist das Laub vom Rasen und den Wegen auf die Beete zu harken und die Humusbildung kann losgehen. Im nächsten Frühjahr ist schon kaum etwas zu sehen von den alten Blättern. Das Laub von Spitz-Ahorn, Platane, Buche und Eiche ist hartnäckig und überdauert den Winter unbeschadet, wie auch das von Kirschlorbeer und Rhododendron, immerhin haben diese Gehölze sehr viel investiert in ihre dicken, immergrünen Blätter, die beim Verrotten sehr an Plastik erinnern. Um Zwiebelblumen wie Krokusse muss man sich bei Ahornblättern, Eiche und Buche aber keine Sorgen machen, sie stemmen alles ganz allein und wachsen sogar gern unter den Bäumen. Im Gegensatz zu Eichen- oder Platanenblättern kräuseln sich Ahornblätter immerhin etwas ein und reduzieren ihre Fläche damit. Kleine Pflanzen und Sämlinge können unter den großen Blattflatschen aber leiden.

WAS TUN MIT DEN GROSSEN BLÄTTERN?

Wenn du viel von solchen großblättrigen, gerbstoffreichen Laubsorten hast, kannst du kurz nach dem Laubfall, also wenn sich noch keine Bodenlebewesen daran aufhalten, alles auf dem Rasen zusammenharken und mit dem Rasenmäher darüber fahren. So zerkleinert zersetzt sich das Laub auf den Beeten schneller und fällt auch optisch nicht mehr ins Gewicht. Du kannst auch ein Drahtgitter in einer feuchten Gartenecke einrichten und das Laub hineingeben, zerkleinert oder im Ganzen. Das ist nicht nur bei sich langsam zersetzendem Laub sinnvoll, sondern auch, wenn du so große Mengen hast, dass die Beete damit knöcheltief bedeckt wären. Mit der Zeit bildet sich im Drahtgitter unten Laubhumus, den du entnehmen und auf die Beete verteilen kannst. Er ist ein ganz besonders guter, feuchtigkeitsspeichernder Mulch. Da die Hauptarbeit von Pilzen erledigt wird, dauert der Abbau recht lange, aber das Ergebnis ist das Warten wert. Schneller geht es in einer Plastiktüte, aber die wollen wir ja lieber vermeiden.

BEHANDLE DEINEN BODEN,
wie du selbst
behandelt werden möchtest.

HARKEN FÜR DEN WELTFRIEDEN: DER LAUB-SAUGER MUSS WEG!

Zeig dem Bodenleben, was eine Harke ist, und nutze Muskelkraft, um das Laub auf die Beete statt in die Biotonne zu befördern. Das ist leise, spart Benzin und hält fit – auch die Pflanzen!

Laubharken ist meditativ und man hört die Rotkehlchen singen. Außerdem hat das Laub Augen, und die beäugen uns kritisch, wenn wir mit einem Laubbläser oder -sauger hantieren. Diese Höllenmaschinen sind nervig laut, und die kleinen Lebewesen im Laub haben keine Zeit zu reagieren und aus der Gefahrenzone zu entkommen, denn der Luftstrom kann bis zu 200 km pro Stunde erreichen. So schnell springt kein Kugelspringer aus dem Weg. Auch haben benzinbetriebene Geräte keinen Katalysator, man atmet also besonders schlechte Luft ein. Für die Nerven der Nachbarn, auch der tierischen, und das Leben im Laub ist es also viel schonender, zu Harke und Besen zu greifen. Letzterer kommt auf befestigten Wegen zum Einsatz, am besten bei trockenem Wetter, dann geht es leichter. Mit manuellen Geräten fördern wir also unser wertvolles Bodenpersonal, das für guten Humus und zufriedene Pflanzen sorgt.

Wenn du das Laub leise mit der Harke auf die Beete beförderst, hast du dir den Goldenen Kugelspringer verdient!

WER LEBT IM LAUB UND DARUNTER?

Die Kugelspringer hast du bereits kennengelernt, es gibt aber noch mehr Tierchen zu deinen Füßen. Auf den nächsten Seiten findest du eine kleine Übersicht über das „Who is Who" der Lebewesen auf und im Boden. Unser flächenmäßig größtes Insektenhotel, die Laubstreu mit dem Gartenboden, wird auch von vielen anderen Arthropoden und Würmern bewohnt. Die Springschwänze aber werden, obwohl sie sechs Beine haben, nicht mehr zu den Insekten gezählt, sondern als eigener Evolutionszweig angesehen, was wegen ihrer vielen Gadgets auch nicht verwundert.

Geisterwesen aus der Unterwelt: Die Ameisenassel ist blind und lebt in Ameisennestern, wo sie es sich unbehelligt von den Krabblern gut gehen lässt.

#LAUBLIEGENLASSEN – ZEIG DEINEN NACHBARN, WIE LEISE DER HERBST SEIN KANN!

DESTRUENTEN – HUNGRIGE HUMUSPRODUZENTEN

HORNMILBEN

Oribatida

Sie sehen aus wie Milben mit Helm und sind durch ihren Panzer als Erwachsene nahezu unbesiegbar. Ein Quadratmeter Boden kann zehntausende von ihnen enthalten, sie sind die häufigsten Bodenmilben – und das ist auch gut so, denn viele Hornmilben sind gute Streuzersetzer, wobei sie die Verdauung von Zellulose und Lignin symbiotischen Mikroorganismen in ihrem Darm überlassen.

SILBRIGGLÄNZENDER SPRINGSCHWANZ

Tomocerus vulgaris

Es gibt auch Glitter und Glamour am Boden: *Tomocerus* ist ein etwas bucklig und grimmig wirkender Springschwanz, der durch seine Glitzerschuppen auffällt. Sie können sich wie bei Schmetterlingsflügeln ablösen, was ihn vor dem Zugriff von Feinden schützt. Oft sehen die Tiere zerrüttet aus mit nackten Stellen, wo die Schuppen fehlen. Sie futtern Pflanzenabfälle und Pilzhyphen.

ZOTTIGER SPRINGSCHWANZ

Orchesella villosa

Er ist geradezu ein Riese mit bis zu 4 mm Länge und fällt durch eine wilde Zottelfrisur auf. Mit seiner braunen Farbe ist er in der Laubstreu gut getarnt und springt bei Gefahr davon. Er frisst verrottende Pflanzenteile. Sein kleiner Bruder, der Gegürtelte Springschwanz (*O. cincta*), ist gut durch einen hellen Ring am Hinterleib zu unterscheiden.

MAUERASSEL

Oniscus asellus

Mauerasseln sind im Garten überall zu finden. Unter Totholz, in der Laubstreu, im Kompost und unter Töpfen, Hauptsache, es ist schön feucht, denn als waschechte Krebstiere sind sie auf eine hohe Luftfeuchtigkeit angewiesen. Asseln sind nützlich, denn es sind vor allem sie, die am Falllaub herumnagen und Löcher hinterlassen, was die Oberfläche vergrößert und den Abbau beschleunigt.

GEMEINE ROLLASSEL

Armadillidium vulgare

Wenn die Sommer immer trockener werden, ist es gut, wenn man sich auf die Rollasseln verlassen kann. Sie sind viel trockenheitsresistenter als ihre Verwandtschaft, aber ebenso gute Verwerter von Falllaub und weißfaulem Holz. Sie rollen sich bei Gefahr zu einer Kugel zusammen wie ein winziges Gürteltier. So kullern sie einfach davon, falls es bergab geht.

GROSSER WESTLICHER BANDFÜSSER

Polydesmus angustus

Wie alle Tausendfüßer sind auch Bandfüßer Liebhaber von vergammelnden Pflanzenresten. Mit ihrem flachen, gepanzerten Körper quetschen sie sich im geländegängigen Vielfüßerantrieb durch die Laubstreu und unter Rinde von Totholz. Sie sind sehr lichtscheu. Man findet sie am ehesten, wenn man Holzstücke anhebt, wo sie sich gern verstecken.

RÄUBER – RAFFINIERTE JÄGER AM BODEN

MOOSSKORPION

Neobisium spec.

Diese kleine Kneifzange sieht bedrohlich aus, ist aber nur ein Pseudoskorpion ohne Giftstachel und noch dazu kleiner als ein Birkensame. Man muss sich also nur als Springschwanz vor ihm fürchten. Mit den Zangen ergreift er die Beute und führt sie damit zu seinen Mundwerkzeugen. Er mag es nicht allzu trocken und ist bei feuchtem Wetter im Laub und in Moos zu finden.

SCHWARZAUGE

Rilaena triangularis

Der relativ kleinwüchsige, kurzbeinige Weberknecht mit den großen Kulleraugen verbringt seine Kindheit in der Laubstreu, häutet sich mehrfach und ist im Frühjahr ausgewachsen. Gern hockt er unter den zeltartig zusammengefalteten Blättern von Herbstanemone und Frauenmantel. Das Schwarzauge fängt Mücken, Pflanzenwespen und andere Insekten, macht sich also nützlich.

GEMEINER STEINLÄUFER

Lithobius forficatus

Wenn man ihn sieht, sieht man ihn nicht lange: Dieser Hundertfüßer ist ein nachtaktiver Räuber, der unter Steinen und Totholz, aber auch im Kompost Insekten, Spinnen und Tausendfüßer erbeutet. Er ist flach gebaut und kann sich in Lücken verstecken. Ähnlich, aber viel dünner und sehr lang ist der Erdläufer, der gern Regenwürmer fängt, aber auch Springschwänze.

KURZFLÜGELKÄFER

Stenus spec.

Bei den großen Augen muss man gleich an Rotkäppchen und den Wolf denken, und tatsächlich sind die kleinen *Stenus*-Arten große Räuber. Sie können hervorragend sehen und haben noch eine andere Superkraft: Sie besitzen ein klebriges Fang-Labium, das wie die Zunge bei einem Chamäleon vorschießt und die Beute anklebt. So geleimt wird ein Springschwanz zur Käfermahlzeit.

SCHWARZER MODERKÄFER

Ocypus olens

Dieser große Kurzflügelkäfer ist der König des Bodens, der auf Beutezug umher läuft. Kommt man ihm zu nah, stellt er seinen Hinterleib auf und tut so, als wäre er ein böser Skorpion. Auch die Larven leben räuberisch. Regenwürmer sind die Lieblingsspeise, aber er frisst zu unserem Glück auch Schnecken, zum Beispiel die eingeschleppte Gefleckte Weinbergschnecke oder Nacktschnecken.

MATTE SCHWARZKOPF-SCHWEBFLIEGE

Melanostoma scalare

Diese dunkel gefärbte Schwebfliege hat ein dunkles Geheimnis: Sie ernährt sich zwar als Larve gern von Blattläusen, aber sie hält rein gar nichts von einseitiger Ernährung: Im Herbst und Winter findet man sie auch in der Laubstreu, wo sie Jagd auf Larven von Lanzenfliegen, Stelzmücken und Polierfliegen macht. Noch ein guter Grund gegen Laubsauger!

GRÜN UND GUT GELAUNT: PFLANZEN UND PFLEGEN

Welche Pflanzen passen zusammen, wie düngt man sie nachhaltig und wie hält man sie sonst noch bei Laune?

NUR KEINE SCHWÄCHE ZEIGEN

Eine gut versorgte Pflanze am richtigen Standort kann sich viel besser gegen Schädlinge wehren als eine, der ein oder mehrere Nährstoffe fehlen. Die Produktion von Bitterstoffen in den Blättern, um Raupen den Appetit zu verderben, wird zum Luxus, wenn ein Gewächs zu sehr mit dem reinen Überleben beschäftigt ist. Solch eine Pflanze ist dann schneller als man gucken kann zu Raupen- oder Schneckenkot verarbeitet. Das düngt zwar den Boden auch, ist aber nicht unbedingt das, das wir wollen. Für das biologische Gleichgewicht im Garten sind Schädlinge durchaus wichtig, denn sie fördern das Miteinander der Tiere: Raupen und Blattläuse ernähren Meisen, und auch wenn Ameisen ihre Blattlausfarm aggressiv gegen Marienkäfer verteidigen, sind die schwärmenden Königinnen und Männchen beim Hochzeitsflug eine begehrte Beute von Vögeln. Unser Ziel ist es also nicht, sämtliche Schädlinge auszumerzen, sondern ein gesundes Maß zu finden, damit die Pflanzen nicht in Grund und Boden gefressen werden, was besonders beim Gemüse passieren kann. Denn während es nicht schlimm ist, wenn die Zitronenfalterraupen den Faulbaum annagen, bekommen wir beim Kohl Futterneid gegenüber den Kohlweißlingen und werden die Pflanzen eifersüchtig verteidigen.

Das Rotkehlchen hat die Gunst der Stunde genutzt und Ameisenköniginnen aufgesammelt.

WENN LÄUSE DEN PFLANZEN BEINE MACHEN

Das beste Mittel gegen Schädlinge ist der richtige Standort. Die richtige Dosis Sonnenlicht ist genauso wichtig wie die Bodenbeschaffenheit und die Nährstoffverfügbarkeit. Eine sonnenhungrige Pflanze im Schatten wird sich schneller Schädlinge einfangen als eine am richtigen Ort und überhaupt vor sich hin mickern. Der Gewöhnliche Schneeball neigt zum Beispiel an windgeschützten Plätzen mit zu trockenem Boden eher zur Blattlausplage als an feuchteren Stellen mit mehr Luft um die Blätter – wobei das bei ihm eher ein optisches Problem ist und nicht schadet. In jedem Fall musst du bei Blattläusen nicht in Panik verfallen. Pestizide sind keine Lösung, weil sie den Nützlingen viel mehr schaden. Abzuwarten und auf Marienkäferlarven, Florfliegen und Schwebfliegen zu setzen ist eine gute Taktik. Man sieht das gut am Holunder: An einem Tag sind seine Zweige noch schwarz vor Läusen, am nächsten sind sie alle weggefuttert. Sollte es wider Erwarten nicht besser werden und das Gemüse zu viele Bein zeigen, kannst du die Krabbler auch einfach abstreifen oder mit einem Wasserstrahl weit weg schießen.

Die Kohlblattlausplage kann schlimm aussehen, aber die Nützlinge, wie die Hainschwebfliege, sind schnell zur Stelle. Ihre Larven räumen gründlich auf.

Sanfte Maßnahmen gegen rabiate Nahrungskonkurrenten

Schädling	Schadbild	Abwehr
Fliegende Feinde wie Gemüsefliegen und Kohlweißlinge	• Fraß an Bohnen, Kohl, Zwiebeln, Möhren, Lauch	• rechtzeitig Schutznetze anbringen • Kohlweißlingsraupen absammeln • Kohlweißlinge mit Minze neben dem Kohl verwirren
Kirschessigfliege (*Drosophila suzukii*)	• vernichtet die Früchte von Kirsche, Pflaume, Himbeere, Heidelbeere, Brombeere, Himbeere, Wein u. a.	• Sorten mit hellen Früchten anbauen, z. B. gelbe Kirschen • mulchen • Fallobst einsammeln
Kohlerdfloh (*Phyllotreta*)	• Durchlöcherte Blätter von Kohl, Radieschen, Kohlrabi, Rucola, Meerrettich	• viel gießen • den Boden um die Pflanzen lockern • mulchen • Blätter mit Algenkalk oder Gesteinsmehl bestäuben
Möhrenfliege (*Chamaepsila rosae*)	• Fraßgänge in Karotten, aber auch an Fenchel oder Sellerie	• eine sehr frühe Aussaat im März oder eine sehr späte im Juli • Möhrenlaub nicht beschädigen, weil es Duftstoffe freisetzt • Standort mit genug Wind wählen oder einen Vorhang um das Beet ziehen, da die Tiere unbeholfene Tiefflieger sind • resistente Sorten wählen (leider nur F1 wie 'Flyaway') und Beet-Umrandung aus Opfermöhren anlegen
Schnecken	• Fraß an Bohnen, Kohl, Kartoffeln, jungen Zucchini, Gurken und jungen Erbsen u. a.	• einen sonnigen Platz wählen weit ab von Schneckenverstecken • einen Wall aus Tagetes pflanzen, Schnecken dort absammeln • morgens gießen • bei Regen und Morgentau Razzia machen und sie absammeln • Nematoden ausbringen
Walnussfruchtfliege (*Rhagoletis completa*)	• Fruchtfall der Walnüsse	• früh reifende Sorten pflanzen • Hühner unter dem Baum scharren lassen • Aufsammeln befallener Früchte am Boden

FEINDE VERWIRREN

Oft heißt die Lösung auch Mischkultur: Zwiebeln sollen beispielsweise die Möhrenfliege so verwirren, dass sie entnervt aufgibt. Allerdings funktioniert diese Abwehr nur bei ganz schweren Geschützen: Für einen wirksamen Schutz brauchst du ein Bollwerk aus vier Reihen Zwiebeln pro Reihe Möhren – gut, dass man Zwiebeln in der Küche immer gebrauchen kann. Kerbel soll dem Salat die Blattläuse vom Hals halten, Kohlschädlinge können den Geruch von Sellerie nicht leiden. Duftende Kräuter neben Kohl machen Kohlweißlingen die Hölle heiß. Doch nicht alle Beziehungen zwischen Pflanzen spielen sich vor unseren Augen ab. Was von oben so harmonisch aussieht, kann im Boden das reinste Hauen und Stechen sein. Platz da, hier komme ich: Jede Wurzel möchte den Boden für sich alleine haben, alle Nährstoffe aufsaugen und am Ende das Rennen machen. Manche gute Beetpartner verstehen sich nur deswegen so blendend, weil sie in unterschiedlichen Tiefen wurzeln und sich aus dem Weg gehen, während andere sich in die Quere kommen. Mischkultur ist auch wichtig, wenn du gern die Mykorrhiza-Verweigerer Kohl, Mangold und Rote Beete anbaust. Da sie mit den nützlichen Pilzen nichts am Hut haben, wird eine Monokultur mit ihnen die Mykorrhiza-Pilze vergraulen. Pflanze sie daher am besten zwischen andere Gemüse oder rotiere ihren Anbauplatz immer wieder in ein anderes Beet.

Auch das ist Mischkultur: Mangold 'Bright Lights' als knalliges Highlight im Blumenbeet.

DAS INDIANERBEET ...

Das bekannteste Beispiel für Mischkultur ist das Indianerbeet oder die Milpa, was schon die Maya erfanden. Bei dieser Mischkulturtechnik wachsen in trauter Dreisamkeit die südamerikanischen Exportschlager Mais, Bohne und Kürbis. Diese drei Schwestern kann man jahrelang auf demselben Beet anbauen. Der Mais lässt die Bohne an sich hochwachsen und der Kürbis bedeckt den Boden und hält ihn feucht. Die Bohne bindet derweil mit ihren Wurzelknöllchen Luftstickstoff. Nun ist es aber nicht so, dass die Bohne mit dem Stickstoff freigiebig um sich wirft. Zumindest ist sie bei diesem Nährstoff einigermaßen autark und nimmt den anderen nicht viel weg. Erst wenn Teile von ihr verrotten, wird der darin gebundene Stickstoff wieder frei, also im ersten Jahr noch wenig. Anfangs braucht das Beet daher zusätzlichen Stickstoff, ab dem zweiten reicht es, die oberirdischen Pflanzenteile gehäckselt als Mulch zusammen mit Kompost auszubringen.

Läuse bringen
GLÜCK!

... SYNERGIEN DURCH AUSWEICHEN

Die Wurzeln vom Kürbis, die viel Stickstoff aufsaugen, bleiben eher in den oberen Bodenschichten. Der Mais wächst tiefer und holt sich dort seine Nährstoffe. In Studien kam heraus, dass die Pflanzen dies nur tun, wenn sie zusammen wachsen. Es ist also keine Symbiose, sondern Konkurrenzvermeidung, da sie einander ausweichen. Bohne und Kürbis können außerdem Phosphatverbindungen, die im Boden gebunden sind, für sich verfügbar machen. Das Indianerbeet funktioniert aber nicht mit allen Sorten: Starkwüchsige Bohnen erwürgen den Mais. Eine gute Kombination sind die 'Wädenswiller Schwertbohne' mit dem 'Rheintaler Ribbelmais' oder das Traumpaar Bohne 'Eva' und Zuckermais 'Blue Cuties'.

Oca (im Vordergrund) bildet eine dichte, schneckenfeste Blattmasse und unterdrückt das Unkraut. Mit dem Palmkohl verträgt sie sich.

NASE ZU UND DURCH: JAUCHEN

Pflanzen sehen nicht nur gut aus, es kommt bei vielen auch auf die inneren Werte an. Einige Arten können sich im Garten nützlich machen, indem du ihre Blätter zu Jauche verarbeitest. Diese stinkende Brühe führt dem Boden entweder Nährstoffe hinzu, die durch das Aufbrechen der Pflanzenzellen bei der Verjauchung angereichert werden, oder wehrt als Spritzbrühe Schädlinge ab. Bei Arten, die so gut einen hohen Stickstoffanteil im Boden anzeigen wie die Brennnessel, enthalten die Blätter diesen Nährstoff in rauen Mengen. Daher ist die Brennnessel der Klassiker unter den Jauchepflanzen, sehr zu ihrem Leidwesen. Es lohnt sich also, immer ein paar Pflanzen griffbereit zu haben. Für einen 10-Liter-Eimer Jauche benötigst du 500 bis 1 000 g Brennnesseltriebe. Am nährstoffreichsten sind Pflanzen vor der Blüte. Die Triebe werden zerkleinert in 10 Liter Regenwasser gegeben. Damit es nicht zu sehr stinkt, kannst du Gesteinsmehl einrühren. Verschließe den Eimer mit einem Deckel und rühre die Brühe alle paar Tage gut durch. Sobald das Gebräu nicht mehr schäumt, ist es fertig. Die Jauche wird 1:10 verdünnt als Flüssigdünger gegossen.

NICHT NUR MIT BRENNNESSELN

Nach demselben Rezept wird eine Beinwelljauche hergestellt. Sie ist reich an Stickstoff und Kalium. Da Beinwell sehr wuchert und große Blätter hat, ist schon eine Staude im Blumenbeet sehr ergiebig und freut die Hummeln, wenn sie nicht zu sehr abgeerntet wird und auch blühen darf. Sorten wie der Futter-Beinwell *Symphytum × uplandicum* 'Bocking No. 14' enthalten noch mehr Nährstoffe als der Gewöhnliche Beinwell.

Sonnenblumen sind so hoch wie tief und ihre Wurzeln brechen schweren Boden bis in große Tiefen auf.

Weitere Pflanzen für Jauchen sind:

- **Holunderblätter:** Jauche in ihre Gänge gegossen soll Wühlmäuse vergrämen.
- **Knoblauch:** Hilfe gegen Kraut- und Braunfäule bei Tomaten und Kartoffeln.
- **Rainfarn:** 1,5 kg blühende Pflanzen auf 10 Liter Wasser, 24 Stunden ziehen lassen, eine halbe Stunde kochen und absieben. Hilft gegen Läuse, Kohlerdflöhe, die Weiße Fliege, Schnecken, Mehltau und Wurzelläuse.
- **Rhabarberblätter:** Unverdünnt soll die Jauche gegen Läuse und Lauchmotten helfen, aber auch Schnecken abwehren.
- **Schachtelhalm:** 1 kg auf 10 Liter Wasser, 1:5 verdünnt wirkt die kieselsäurehaltige Jauche gegen Pilzkrankheiten.
- **Wermut:** Soll Läuse vertreiben und Rostpilze eindämmen. Dazu 300 g auf 10 Liter Wasser, unverdünnt anwenden.
- **Wurmfarn:** Kaliumreich, wirkt 1:10 verdünnt gegen Blattläuse, unverdünnt auch gegen Schnecken.

LASS PFLANZEN FÜR DICH ARBEITEN: GRÜNDÜNGUNG

Der Werkzeugkasten der Biogärtner hat noch eine Geheimwaffe für müde Böden parat, die ganz ohne Mineraldünger und Spitzhacke auskommt: Gründüngung! Das sind Pflanzen mit Spezialkräften, die ausgesät werden, um bestimmte Aufgaben zu erledigen. Das kann zum einen das Aufbrechen von verdichtetem Boden sein, zum anderen das Einbringen von Nährstoffen. In jedem Fall sorgt Gründüngung zusätzlich dafür, dass die Beete immer bedeckt sind, auch im Winter. Der Boden bleibt feucht und wird nicht verschlämmt, das Bodenleben ist rundum zufrieden. Nebenbei sind viele der eingesetzten Pflanzen eine gute Bienenweide.

Einmal angelockt docken die nützlichen Mikroorganismen an die Wurzel an, woraufhin die Pflanze ihnen Wurzelknöllchen wachsen lässt, in denen sie geschützt wohnen können.

Auf die Fähigkeit vieler Leguminosen, also Schmetterlingsblütler, mit Hilfe von symbiontischen Bakterien Luftstickstoff für sich nutzbar zu machen, sind wir schon eingegangen. Doch wie funktioniert dieses Wunder genau? Die Pflanze rekrutiert dafür bodenlebende Bakterien, die Rhizobien, die sie mit Hilfe von Wurzel-Exudaten, vorzugsweise Kohlenhydraten, die sie in den Boden abgibt, anlockt. Rhizobien können wechseln zwischen bodenbürtigem und symbiontischem Lebensstil. Ihr Stoffwechsel ist wahnsinnig komplex und sie haben ein gigantisch großes Genom. Das haben sie auch nötig, denn beim freien Leben im Boden rufen sie Gene ab, die sie nur dort benötigen.

DEN AUSWEIS BITTE: SIGNALMOLEKÜLE

Damit keine bösen Bakterien die Wurzel infizieren, muss sich der neue Bewohner ausweisen können, er muss der Wurzel den korrekten chemischen Schlüssel präsentieren, damit er nicht wieder hinausgeworfen wird aus dem Paradies. Genauer gesagt, muss das Bakterium immerfort chemisch die Immunabwehr der Pflanze unterdrücken. Eine Rhizobienart, die unterschiedliche Wirtsarten besiedeln kann, ist mehrsprachig und bietet jeder Pflanze das richtige Signalmolekül. Erst nach der Infektion werden die Knöllchen gebildet. Da es also verschiedene Mikrobenarten gibt, ist die Wahrscheinlichkeit groß, dass die passenden auch in deinem Boden vorhanden sind. Mir ist sogar bei selbst gesäten Pflanzen im Topf rasch gelungen,

Wurzelknöllchen beim Austopfen zu entdecken. Gründüngungspflanzen, die Luftstickstoff binden, sind Gelbe, Weiße und Blaue Lupine, Persischer Klee, Rotklee, Ackerbohne und Inkarnat-Klee.

Rotklee kann alles, Luftstickstoff sammeln und Falter ernähren: Er ist die Raupenfutterpflanze vom Rotklee-Bläuling.

Der Purpur-Klee (*Trifolium rubens*) ist eine heimische Pflanze und gefährdet. Gib ihr im Garten einen Job als Gründüngung!

WIE DÜNGT DAS GRÜN?

Andere Gründüngungspflanzen bringen nicht direkt Nährstoffe unter die Erde wie die Leguminosen. Doch wenn sie im Winter erfroren sind oder man sie abschneidet, lässt man sie als Mulch liegen und das Bodenleben, allen voran die Regenwürmer, freut sich. So entsteht Humus für die Pflanzen, die nach der Gründüngung auf der Fläche wachsen sollen. Das Umgraben kann man sich nach dieser Wellness-Kur für den Boden auch sparen, außerdem wird Unkraut unter dieser Konkurrenz sehr leiden. Die Aussaat erfolgt am besten zwischen März und Oktober. Für eine Herbstaussaat eignen sich vor allem Winterroggen und Winterraps. Beide lockern den Boden tiefgründig und werden nur noch von der Sonnenblume im Tiefschürfen übertroffen. Die dicken Stängel des kapitalen Korbblütlers sind allerdings nicht gut als Mulch geeignet und werden besser kompostiert. Mischt man den Winterraps mit Wilden Malven, hat man auch die Mykorrhiza-Pilze auf seiner Seite, denn die Kreuzblütler verweigern bekanntlich eine Zusammenarbeit mit ihnen. Überhaupt gilt auch bei der Gründünung: Mischkultur hält das Bodenleben und die Pflanzen bei Laune. Es gibt bunte Mischungen verschiedener Gründüngungspflanzen fertig zu kaufen. Nicht winterharte Arten lässt man erfrieren, sie dürfen aber trotzdem den Winter über stehenbleiben und werden im Frühjahr abgemäht, genauso macht man es mit den frostunempfindlichen Herbstsaaten.

Nach etwa einem Monat ist das Beet gut vorbereitet auf neue Aufgaben und kann mit Gemüse bepflanzt werden.

WASSERGYMNASTIK

Ob Mischkultur oder Staudenbeet – wie gießt man richtig? Wenn der Sommer die Herzen der Grillfans höher schlagen lässt als die der Gemüseliebhaber, kommt man um einen Gießkannen-Workout nicht herum. Regenwasser zu sammeln ist immer besser als Leitungs- oder Grundwasser zu verwenden, denn es kommt ohne Energieverbrauch mit der Schwerkraft in die Tonne. Doch wann soll man gießen? Eigentlich ist es besser, die Pflanzen abends gut getränkt ins Bett zu schicken, denn dann ist es kühl und die Wurzeln haben Zeit, sich mit dem Nass in Ruhe zu beschäftigen. Sind allerdings zu viele Schnecken in deinem Garten, kann dies fatal enden, denn die sind auch im Dunklen aktiv. In diesem Fall kann es sich lohnen, früh aufzustehen und den Morgentau zu begießen. Um die Schnecken auszutricksen und die Pflanzenwurzeln in die Tiefe zu schicken, damit sie möglichst selbstständig sind, gießt man eher durchdringend und selten als jeden Tag oberflächlich ein bisschen.

DEN RÜCKEN SCHONEN

Mit der Gießkanne ist man dabei flexibler als mit dem Rasensprenger, denn so kann man das Wasser unter die Blätter leiten, wo es rasch vom Boden aufgenommen wird und nicht auf den Blättern verdunstet. Hochbeete sind hier klar im Nachteil, denn so rückenschonend sie auch sein sollen, beim Gießkanne-Hochwuchten sind sie mühsam, außerdem trocknen sie bei der exponierten Lage schneller aus als Pflanzen im Gartenboden. Unsere alte Allzweckwaffe Mulch hilft im Hochbeet genauso wie ebenerdig, indem er die Verdunstung bremst. Am besten ist Laubhumus, weil er schön feucht und krümelig ist. Du kannst ihn selbst herstellen, indem du Laub in einer dunklen Gartenecke aufschichtest und verrotten lässt.

DIE ZAUBERER: GEHÖLZE, DIE STICKSTOFF BINDEN

GEWÖHNLICHER ERBSENSTRAUCH

Caragana arborescens

Er ist der kleine Bruder des giftigen Goldregens, seine Samen sind nur leicht unverträglich. Noch dazu gibt es vom Erbsenstrauch kleinbleibende Sorten wie die Hängeform 'Pendula' und die Stämmchenveredelung 'Walker'. Das kompakte Gehölz mit den gelben Blüten darf man ruhig darben lassen, es ist ein extremer Hungerkünstler und verträgt auch großen Durst – ideal im Stadtklima und in trockenen Sommern. Das Falllaub reichert bis zum Frühjahr den Boden mit Stickstoff an.

Steckbrief

» Höhe 2–4 m » Breite 2–4 m » gelbe Blüten im Mai » gering giftige Samen » für Sonne bis Halbschatten » anspruchslos an den Boden, solange er nicht staunass ist, verträgt Salz und Trockenheit

SCHWARZ-ERLE

Alnus glutinosa

Sie ist meist nah am Wasser gebaut, verträgt aber auch trockenere Böden. Mit bis zu 30 m Höhe ist die Schwarz-Erle nicht unbedingt hausgartentauglich, doch die Sorte 'Imperialis', die Kaisererle, bleibt kompakter, außerdem gibt es noch die – für den Baum natürlich recht brutale – Möglichkeit, mehrere Pflanzen als Hecke im Waldgarten zu ziehen und immer wieder auf eine handliche Höhe zu stutzen. Die Abschnitte können in der Benjeshecke oder geschreddert als nährstoffreicher Mulch eingesetzt werden. Unter den Insekten sind es Raupen und Blattkäfer, die sich für den Baum interessieren.

Steckbrief

» bei der Kaisererle Höhe 6–10 m » Breite 4–8 m » unscheinbare Blüten von März bis April » für Sonne bis Halbschatten » liebt einen frischen, nährstoffreichen Boden, gern schwach sauer

ALPEN-GOLDREGEN

Laburnum alpinum

Er ist die gelbe Gefahr der Spielplätze, weil seine Samen giftig sind, doch am richtigen Ort, wo Kinder nicht drankommen, ist er eine Augen- und Bienenweide mit seinen gelben Blüten im Frühsommer. Besonders Hummeln besuchen die Pflanze. Schneiden muss man den Großstrauch nicht, er macht von Hause aus eine gute Figur. Ein schöner Kontrast sind frühblühende Sträucher oder welche mit rötlichem Laub, wie der dürrefeste Perückenstrauch 'Royal Purple'. Nach dem Anritzen keimen die Samen problemlos, so bekommt man eine kostenlose Pflanze. Der Gewöhnliche Goldregen wird ein wenig größer als diese Art.

Steckbrief

» Höhe 3–5 m » Breite 2,5–3 m » gelbe Blüten von Mai bis Juni » giftige Samen » für Sonne bis Halbschatten » anspruchslos an den Boden, der auch trocken und kalkig sein kann

GEWÖHNLICHER JUDASBAUM

Cercis siliquastrum

Trotz des verräterischen Namens lässt der Judasbaum uns nicht im Stich. Er ist ein kleiner, zuverlässiger Hausbaum mit einigen Alleinstellungsmerkmalen: Seine schönen rosa Blüten wachsen direkt am Stamm und am mehrjährigen Holz noch vor dem Laubaustrieb, der bronzefarben schimmert. Die Blüten sind sogar essbar oder wir lassen sie den Hummeln, Honig- und Holzbienen. Die Früchte sind anfangs rötlich und auch sehenswert, die Blätter groß und herzförmig. Bei Jungpflanzen ist ein Winterschutz aus einer Mulchschicht ratsam, ein warmer Platz am Haus hilft ebenfalls, auch sollte der Boden nicht staunass sein.

Steckbrief

» Höhe 3–6 m » Breite 2–4 m » purpurrosa Blüten von April bis Mai » für Sonne bis Halbschatten » mag einen trockenen, durchlässigen, mageren Boden

WIR SCHMEISSEN EINE RUNDE: FÜTTER DAS GRUNDWASSER!

Dank der trockenen Sommer ist der Grundwasserpegel an vielen Orten bedenklich gesunken. Ein wenig können wir Feuerwehr spielen und ihn anheben.

Da das Grundwasser in immer weitere Ferne rückt, lohnen sich gebohrte Brunnen kaum mehr und bestehende verschlimmern die Situation nur noch. Schwengelpumpen sind zwar fantastische Fitnesstrainer, gehen aber auf Kosten des Grundwassers. Nachhaltiger ist Regenwasser, denn es würde sonst in die Kanalisation fließen und dem Boden nicht zugutekommen. Optimal ist es, das Dachflächenwasser im Garten versickern zu lassen mit einem Rain-Garden bzw. einer Sickergrube. Im Kleinen geht es auch mit einer Regentonne. Sie musst du vor starkem Frost leeren, denn nichts ist schlimmer als ein riesiger, unbrauchbar gewordener Plastikbehälter, den das Eis gesprengt hat. Lässt du den Inhalt bei so einer Notwasserung langsam in die Beete versickern, ohne die Wurzeln der Bewohner freizuspülen, wird das Grundwasser ein wenig getränkt.

SPORTLICH ODER LIEBER GEWAGT?

Wenn du die Aktion sportlich nimmst, kannst du ordentlich Gewichte heben, indem du mit der Gießkanne von oben aus der Tonne schöpfst. So geht das Wässern besonders sanft vonstatten. Die Alternative ist die Mutprobe mit dem Schlauch, den man tief in der Tonne versenkt und am anderen Ende das Wasser ansaugt, bis es läuft. Das ist vielleicht nur ein Tropfen auf den heißen Stein, aber wir können das beliebig oft wiederholen (und ich habe das in manchen Wintern schon sehr oft wiederholt, weil ich nach der Leerung vergessen hatte, den Zulauf zu sperren). Im Winter regnet es mittlerweile mehr als im Sommer, und so kann die Regentonne sich mehrfach volllaufen lassen, und wir spendieren dem Gartenboden den Inhalt.

DIE WETTER-WETTE

Sogar im Sommer geht das, hat aber was von Regen-Roulette: Wenn du dir sicher bist, dass die Meldung vom Dauer- oder Starkregen eine hohe Eintrittswahrscheinlichkeit hat, kannst du in der Tonne vorher Platz schaffen und den Garten mit dem gesammelten Wasser gießen. Getränkter Boden ist außerdem aufnahmefähiger als völlig ausgetrockneter, und so wird dadurch auch das oberflächliche Ablaufen des Regens in den nächsten Bach verhindert.

WAS HÄLT DIE TONNE AUS?

Kurz vor dem Frühjahr heißt es dann: Vorbereitet sein auf die Trockenheit! Wenn du den letzten Winterregen verpasst, startest du mit einer leeren Tonne in die Gartensaison. Da so eine große Wassermasse recht lange braucht, um durchzufrieren, und meine Tonne nach oben breiter wird, was die Sprengkraft von Eis mindert, lasse ich sie auch oft gefüllt. Ein paar Grad unter null hält sie klaglos aus, solange es keine Woche Dauerfrost gibt. Die Regentonne ist also immer für ein bisschen Nervenkitzel gut, wenn man das Maximum aus ihr rausholen will!

Wird Wasser schlecht?

Hat die Tonne einen Deckel, bilden sich auch keine Algen, und es ist nicht nötig, jedes Jahr das Wasser zu wechseln. In Wasserproben finde ich immer ein paar Wimpertierchen, was auf einen geringen Bestand an Bakterien hindeutet, doch das ist völlig normal. Der Wasserwechsel freut also das Grundwasser, die Wimpertierchen weniger.

Das Grundwasser vollautomatisch füttern geht mit einer Sickermulde – genügend Platz vorausgesetzt.

#REGENTONNE – WER SCHAFFT DIE MEISTEN REGENTONNEN-FÜLLUNGEN FÜR DAS GRUNDWASSER?

DELIKATESSEN SELBST ANGEBAUT

Selbstversorgung aus dem Garten kann ganz schön anstrengend sein und braucht viel Platz. Oft ist man nur eine Kraut- und Braunfäule von einem leeren Vorratsschrank entfernt. Geh daher nicht gleich in die Vollen, sondern taste dich heran mit ungewöhnlichen Aromen und seltenen Genüssen.

NICHT FÜR GELD UND GUTE WORTE

Sonnengewärmte Tomatenfrüchte frisch gepflückt sind das Beste, was der Sommer zu bieten hat. Doch oft ist es gar nicht so einfach, in ihren Genuss zu kommen. Hat man die falschen Sorten gesät und das Sommerwetter ist ausnahmsweise nasskalt, fangen sich die Pflanzen die Braunfäule ein und alles ist hin. Resistente, samenfeste Freilandsorten können die Rettung sein. Setze daher nicht alles auf eine Karte, sondern pflanze auch andere florale Feinkost, die besser auf sich selbst aufpassen kann. Besonders empfehlenswert sind Pflanzen, die es für kein Geld der Welt zu kaufen gibt, sei es, weil ihre Früchte nicht lagerfähig sind, oder weil sie vom Handel einfach vergessen wurden, nach dem Motto: Was der Kunde nicht kennt, das kauft er nicht. Zu den nicht transportfähigen Obstsorten gehören zum Beispiel die Maulbeeren. Die Früchte sind so lecker, dass es sich lohnt, einen Maulbeerbaum zu pflanzen. Auch Mispeln sind selten im Handel zu finden, genauso wenig wie Schlehen, Vogel- und Holunderbeeren oder Kirschpflaumen. Meine Lieblingsfrucht, die es in kein Supermarktregal schafft, sind die Beeren der Scharlach-Fuchsie (*Fuchsia magellanica*). Eigentlich mag ich Fuchsien nicht, aber diese winterharte Art hat unwiderstehlich süße, wurstförmige Früchte.

Gibt es nur selbstgemacht: Kirschpflaumenmarmelade!

Die Verwandtschaft aus Übersee, das Gelbholz (*Zanthoxylum americanum*), hat wie der Szechuanpfeffer würzige Früchte – und eine Herbstfärbung à la Indian Summer!

GAR NICHT GEWÖHNLICH

Eigenes Obst und Gemüse anzubauen, sollte deine Geschmacksnerven kitzeln und ein Abenteuer in der Welt neuer Aromen sein. Der tolle Topinambur ist zwar mitunter anfangs eine Herausforderung für den Verdauungsapparat, aber gesund und vor allem munter – die Knollen wuchern ohne Mühen stärker als man sie aufessen kann und liegen den ganzen Winter zur Ernte bereit. Doch selbst bei ganz gewöhnlichem Gemüse, das man reichlich im Handel bekommt, kannst du zum Gourmet und Raritätensammler werden. Statt handelsüblicher Kartoffeln baue einfach eine seltene lila Sorte an wie die 'Blaue Anneliese', bei der das Kartoffelpüree eine ganz extravagante Farbe bekommt und deine Gäste im Gegenzug vor Neid erblassen. Statt ordinärer Gemüsezwiebeln setze die elitäre Etagenzwiebel (Seite 152), die aussieht wie Gemüse vom Mars und jedes Jahr von allein wiederkommt. Wenn du gern scharf isst, sind Chilisorten in allen möglichen Farben und Formen auch optisch ein Genuss, hier wird man schnell zum Jäger und Sammler. Einfacher ist Szechuan-Pfeffer (*Zanthoxylum piperitum*), weil er als sommergrüner Strauch nicht immer wieder mühsam aus Samen gezogen werden muss, denn Chilis spannen uns bei der Aussaat und beim Wachstum ja gern auf die Folter.

Meerkohl ist in freier Wildbahn geschützt, im Garten darf er aber gern gegessen werden.

KRÄUTER MIT DEM GEWISSEN ETWAS

Ein anderes interessantes Gehölz ist die Strauch-Melde (*Atriplex halimus*), deren immergrüne Blätter ganzjährig geerntet werden können und salzig schmecken. Unter den Stauden ist die Süßdolde der Gipfel der Genüsse: Ihre unreifen Samenansätze, die sie wie einen grünen Blumenstrauß steil nach oben streckt, schmecken herrlich nach Anis und können direkt von der Pflanze weg geknabbert werden. Sie ist eine winterharte Staude und einfach aus Samen zu ziehen – wenn man nicht alle aufgegessen hat. Das langlebige Colakraut (*Artemisia abrotanum*) ist wiederum einfach dufte und macht vor allem im Sommer Freude, denn schon beim Durchwuscheln der Blätter entströmt ihm ein feiner Duft nach Cola, komplett kalorienfrei. Für jeden Schabernack zu haben sind Spaßvögel wie die Prickelblume oder Parakresse, deren Blüten auf der Zunge prickeln, und die Gummibärchenblume (*Cephalophora aromatica*). Die ausdauernde Austernpflanze (*Mertensia maritima*) schießt den Vogel ab, denn ihre graugrünen Blätter schmecken wie Meeresfrüchte, sind aber völlig vegan.

EISKALT ERNTEN: WINTERGEMÜSE

Die trockenen Sommer machen es zunehmend mühsamer, Gemüse anzubauen. Man kann auf Pflanzen mit weniger Wasserbedarf ausweichen, wie Kichererbsen oder Pastinaken, oder einfach die Jahreszeit wechseln bzw. die Anbausaison verlängern: Da die Winter immer milder werden, sind Wintergemüse die Lösung. Sie bleiben bis zur Ernte draußen und brauchen so lange keinen Kühlschrank, was CO_2 spart. Das Angebot geht weit über die Kälte-Klassiker Feldsalat und Winterportulak hinaus. Etagenzwiebel und Winterheckenzwiebel brauchen von Hause aus wenig Wasser und stehen in milden Wintern jederzeit zur Ernte bereit. Gesät werden die unverfrorenen Gemüse im Spätsommer oder Herbst, wenn die Bodenfeuchte wieder zunimmt. Wusstest du zum Beispiel, dass man Zuckererbsen im Oktober oder ab Januar säen kann, um schon nach ein paar Wochen die Triebe zu ernten? Im Gegensatz zu Bohnengrün kann man sie roh essen, außerdem sind junge Erbsenpflanzen sehr frosthart und reichern den Boden auch noch mit Stickstoff an.

LECKERE UNBEKANNTE

In Italien wird das recht trockenheitsverträgliche Taubenkropf-Leimkraut (*Silene vulgaris*) klangvoll Stridolo genannt und seine grünen Triebe in Risotto und Omeletts verarbeitet. Dazu kann man es im August aussäen und im Frühjahr ernten. Wenn man es nicht zu sehr beutelt, blüht es im Sommer hübsch für Nachtfalter. Wenig bekannt sind auch Speise-Chrysanthemen (*Glebionis coronaria*). Auch wenn sie uns im Winteranbau mit Aussaat ab September keine Blüten schenken, kann man die aromatischen Blätter im November in den Salat geben. Leckeres Laub ergeben auch spät gesäte Rote-Bete-Pflänzchen. Du kannst sie im September draußen aussäen und ab November die roten Blättchen für Salate ernten. Auch die würzigen Asia-Salate sind erstaunlich frosthart und werden im Spätherbst ausgesät, um sie einige Wochen später zu ernten.

Eine dürrefeste Delikatesse, zumindest die Blätter sind essbar: Das wunderschöne Taubenkropf-Leimkraut.

GEMÜSE IN DAUERSCHLEIFE

Auch wenn du dein Biogemüse vom Markt oder aus dem Laden bekommst, ist das noch kein Grund, den grünen Daumen zu vernachlässigen! Wenn man nicht alles bis zum bitteren Ende beim Kochen verbraucht, wächst so mancher Rest noch mal nach, frisch wie der Frühling. Besonders dankbar sind Porree und Frühlingszwiebeln. Lässt man vom unteren, weißen Teil etwas mehr stehen und stellt ihn ins Wasserglas, wachsen nicht nur Wurzeln, sondern bald auch neue Blätter. Die Pflanzen kannst du dann in einen Topf setzen, so werden sie noch kräftiger und überstehen sogar den Winter draußen. Ganz willig ist auch Staudensellerie. Auch hier nicht bis ganz unten schneiden, dann bilden sich neue Triebe. Diesen Pflanzen wachsen vielleicht nicht mehr so dicke Blattstiele, dafür aber immer wieder neue und das unermüdlich bis zum Frost. Auch Chinakohl und Mangold lassen sich nicht lumpen. Bei anderen Gemüsen wie Petersilienwurzel und Möhre gibt es zwar keine neue Wurzel, aber ein bisschen Grün obendrauf. Ehrensache, dass man zu weit gekeimten Kartoffeln und Zwiebeln im Garten oder Topf zu einer zweiten Saison verhilft. Da kann dann sogar etwas mehr bei rausspringen. Ansonsten macht Gemüse nachwachsen zu lassen vielleicht nicht immer satt, aber es ist eine schöne Beschäftigung, vor allem im Winter.

WIE VIEL ESSBARES (UN)KRAUT FINDEST DU?

Brennt dir die Brennnessel oft einen über? Macht sich die Knoblauchsrauke zu sehr breit? Wird der Giersch zu gierig? Bediene dich einfach an diesen kostenlosen Leckerbissen.

Ein paar Blättchen hier, ein paar Blättchen dort – Gemüse aus dem eigenen Garten für das Abendessen zu ernten ist ein erhebendes Gefühl. Doch viele Pflanzen sind einfach schon da und du kannst sie pflücken, ohne etwas dafür tun zu müssen. Meine Definition lautet so: Unkraut ist eine selbstständige Pflanze mit Durchsetzungsvermögen, die von Schnecken verschmäht wird. Hier kannst du also mühelos und nervenschonend aus dem Vollen schöpfen – du musst diese oft lästigen Pflanzen nur aus der kulinarischen Perspektive betrachten. Auch viele gängige Gartenstauden sind überraschenderweise essbar.
Schau mal in deinen Beeten oder auch im Balkonkasten nach, wie viele essbare Pflanzen du entdecken kannst! Hier ein paar Spickzettel der häufigen Arten:

- » **BRENNNESSEL:** Liebt Stickstoff im Boden, daher gute Zeigerpflanze. Zeig ihr auch den Weg in die Küche, die Blätter sind gut in Eintöpfen. Aus den Stängeln lassen sich Fasern gewinnen.
- » **FETTE HENNE:** Sie macht im Beet einen auf dicke Hose, ihre dicken, saftigen Blätter und zarten Triebspitzen lassen es jung im Salat krachen.
- » **FRANZOSENKRAUT:** Ältere Blätter haben ein leichtes Kohlaroma, jüngere lassen sich zu Pesto verarbeiten.
- » **GÄNSEDISTEL:** Die Blätter lassen sich wie Spinat verwenden.

- **GIERSCH:** Lecker und lästig mit immer ausreichend vielen Blättern, die sich wie Spinat verwenden lassen, die jungen auch als Smoothie oder Pesto.
- **GUNDERMANN:** Blätter mit unbeschreiblich würzigem Aroma, das seinesgleichen sucht. Mäandert gern unter Sträuchern herum, schöne blaue Blüten für Hummeln und Pelzbienen.
- **KNOBLAUCHSRAUKE:** Sät sich gern in schattigen Beeten aus. Die Blätter schmecken scharf kresseartig mit einem Hauch Knoblaucharoma. Die Wurzel ist ein guter Meerrettich-Ersatz.
- **LÖWENZAHN:** Nervig im Rasen, rasend lecker im Salat.
- **MALVE:** Essbare Blüten und Blätter, wenn sie keinen Malvenrost bekommen.
- **ROTE SPORNBLUME:** Die jungen Triebspitzen können wie Feldsalat verwendet werden, mit dem die Staude verwandt ist.
- **TAGLILIE:** Die Blüten sind köstlich und schmecken nach frischem Salat. Wenn du sie blühen lassen möchtest, ernte sie abends, wenn sie welken.
- **TAUBNESSEL:** Die Blüten schmecken süßlich, die Blätter aller Arten sind roh oder gekocht essbar.
- **VOGELMIERE:** Das leckerste Kraut schlechthin zum Naschen im Vorbeigehen! Der kleine, harmlose Bodendecker auf Zeit mit den hübschen weißen Blüten schmeckt nach frischem Mais.
- **WEINBERGLAUCH:** Erscheint in manchen Gärten ungefragt und verbreitet sich stark. Essbare Blätter wie Schnittlauch.
- **WALD-ZIEST:** Tolle Schattenstaude, deren haarige Blätter roh nach frischen Champignons schmecken.

Übrigens sind auch viele Glockenblumen essbar, aber ich ziehe bei aller Verfressenheit dort eine Grenze, schließlich sollen auf sie spezialisierte Wildbienen auch noch Blüten übrig behalten.

Kleine Vorstellungsrunde: Gestatten, Kletten-Labkraut, Taubnessel, Gundermann und Scharbockskraut.

#UNKRAUTESSEN – WAS KANNST DU FINDEN IM ESSBAREN, WILDEN GARTEN? AUF WIE VIELE ARTEN KOMMST DU?

NATÜRLICH GÄRTNERN 2.0

Jetzt geht's zum nächsten Level: Nachdem wir die Grundlagen angewendet haben, buddeln wir jetzt ein bisschen tiefer und legen noch eine Schippe obendrauf.

DER KOHLENSTOFF-KREISLAUF

Kohlenstoff ist das Element des Lebens. Er kann als Kohlenhydrat zuckersüß sein, als Fett kalorienhaltig oder als Enzym arbeitsam. Er mischt überall mit und kann so viel mehr als nur den Klimawandel anheizen.

ZÄH WIE KAUGUMMI: KOHLENHYDRATE

Ohne Pflanzen hätten wir nichts zu lachen. Sie produzieren Sauerstoff, indem sie das CO_2 aus der Luft mit Hilfe der Photosynthese in Kohlenhydrate, zum Beispiel Glucose, umwandeln. Diese Kohlenhydrate sind für die Pflanze nicht nur Energieträger, sondern geben ihr auch Struktur. Eines der größten Moleküle ist die Cellulose. Sie ist der universelle Baustein. Ihr Ausgangsstoff ist Glucose. Dieses kleine Kohlenhydrat wird zu immer längeren Ketten verbaut, um als Cellulosefaser die Zellwände zu konstruieren, zusammen mit den kürzeren, wasserunlöslichen Hemicellulosen, die den Kleber zwischen den Cellulosesträngen bilden. Auch Lignin, ein anderes Kohlenhydrat-Polymer, ist in den Zellwänden enthalten, doch hauptsächlich findet man es in Pflanzenstrukturen, wo es auf Stabilität und Langlebigkeit ankommt, wie in Stängeln und in Holz. Lignin ist für Destruenten eine harte Nuss und widersetzt sich lange erfolgreich einem mikrobiellen Angriff. Das macht es für die Pflanze so wertvoll. Verbrennt man nun Pflanzenmaterial, werden die zähe Zellulose, das leidgeprüfte Lignin und all die anderen komplexen Verbindungen, wie Lipide, Proteine, Chlorophyll und DNA, mit denen sich die Pflanze so viel Mühe gegeben hat, in Nullkommanix wieder zu CO_2 und einem Häufchen Asche. Das wollen wir natürlich nicht, denn im Garten möchten wir die in den toten Pflanzenteilen gespeicherten Kohlenstoffverbindungen in den Boden bringen und sie dort konservieren oder für die Wurzeln wieder verfügbar machen.

Die Blätter sind die Solarpaneele der Pflanzen. Lignin und Cellulose halten sie bei Wind und Wetter stabil.

Gehölze holen das Chlorophyll aus den Blättern, zurück bleiben Karotinoide (gelb, orange, rot), Xanthophylle (gelb) und Anthocyane (rot, blau, violett).

PFLANZENABFÄLLE: GAR NICHT NUTZLOS

Um den Kohlenstoff zu retten, müssen wir nur Blätter, Stängel und Holz den fleißigen Recycling-Trupps zur freien Verfügung anbieten, anstatt alles aus dem Garten zu verbannen. Der Abbau kann im Kompost passieren, aber auch direkt auf dem Beet, so wie beim Herbstlaub. Alles, was sich dünn macht, darf liegenbleiben. Doch was passiert eigentlich genau, wenn ein Blatt im Herbst zu Boden segelt? Das Gehölz hat natürlich vorher gerettet, was zu retten war. Wertvolle Proteine werden zerkleinert, um den enthaltenen Stickstoff zurückzugewinnen. Dadurch entsteht die schöne Herbstfärbung der Blätter, die man auch bei vielen Stauden beobachten kann, denn auch sie sind Energiesparer und versuchen, Rohstoffe aus den Blättern in die Wurzeln zu retten. Bei einjährigen Pflanzen ist es anders. Da sie im Herbst absterben und keine Speicherorgane haben wie die Stauden, enthalten ihre oberirdischen Teile viel mehr Nährstoffe als ein abgeworfenes Blatt vom Apfelbaum. Sie sind daher bei Destruenten besonders begehrt – und es ist sinnvoll, sie zu kompostieren oder als Mulch zu verwenden.

PILZE ALS PIONIERE

Doch auch die Reste im ausgelutschten Herbstlaub, die der Baum nicht mehr verwerten kann, finden noch dankbare Abnehmer. Die wahren Helden im Abbau von schwierig zu knackenden Pflanzenteilen sind die Pilze. Durch Sporen sind sie rasch zur Stelle und die Arten von der ganz schnellen Truppe wandern ins Blatt ein und genehmigen sich die leicht verdaulichen, löslichen Bestandteile, die noch immer in den Zellen vorhanden sind. Sind die aber ausgeräumt, bleiben nur noch die schwer abzubauenden Zellwände mit Cellulose und Lignin übrig. Dafür erscheinen andere Panzerknacker-Pilze auf der Bühne, die die richtigen Enzyme mitbringen, um diese langkettigen Moleküle kleinzukriegen. Asseln vergrößern die Oberfläche und erleichtern den Pilzen die Arbeit, während Springschwänze hauptsächlich die Pilze selbst fressen und sie direkt zu Humus umwandeln. Regenwürmer ziehen Blätter in ihre Röhren und lassen sie dort von den Pilzen vorverdauen, bis sie es selbst in Angriff nehmen und als Endprodukt mikrobenreichen Wurmhumus ausscheiden. All die Lebewesen, die sich von den Pflanzenabfällen ernähren, sind wandelnde Kohlenstoffsenken, die die Nährstoffe in ganz andere Gartenteile oder sogar Bodenschichten transportieren. Ein Blatt wird dabei oft quasi mehrfach gefressen. Tausendfüßer sind meist die ersten, die sich darüber hermachen, von ihrem Kot ernähren sich dann andere Lebewesen. Wie lange es dauert, bis ein Laubblatt zersetzt ist, hängt von der Art des Gehölzes, vom pH-Wert, von der Temperatur und der Feuchtigkeit ab, und davon, welche Lebewesen in welcher Mannschaftsstärke vorhanden sind. Die Destruenten und auch ihre Enzyme sind aktiver bei feuchtem, warmem Wetter, weshalb milde Winter den Abbau beschleunigen. Staunasser Boden ist jedoch weniger förderlich, da dann der Sauerstoff fehlt. Auch bei saurem Milieu dauert die Humusbildung länger. Robinienlaub ist dabei nach etwa einem Jahr zersetzt, Linde und Berg-Ahorn brauchen schon 2 Jahre, Eiche und Buche bis zu 3 Jahre. Ihre Blätter sind daher auch die, die man am längsten den Boden bedecken sieht – immerhin liegen sie aber auch nur herum und setzen kein CO_2 frei, es ist bei ihnen also in guten Händen.

Der Rauling, eine essbare Staude, mulcht sich selbst und steht im Frühjahr daraus auf wie Phoenix aus der Asche. Die Blätter verrotten schnell.

Lass uns das

CO_2 BEGRABEN!

Die Stängel und Blätter von Feuerbohnen (hier mit Zitronenfalter) und Wicken sind zerkleinert ein stickstoffreicher Mulch und oft schon im Frühjahr zersetzt.

Ein Pilz und ein Kugelspringer machen sich über ein Blatt vom Apfelbaum her. Im Frühjahr wird es nicht mehr zu sehen sein.

RAKETEN ODER MÜSSIGGÄNGER?

Schnellwachsende Gehölze im Garten, die einen nährstoffreichen Boden mögen, investieren jedes bisschen CO_2, das sie bekommen können, in ihren Wuchs. Dabei entsteht viel Laub, das nährstoffreich ist und am Boden rasch abgebaut wird – die Destruenten lieben es. Die Blätter haben ein niedriges Verhältnis von Kohlenstoff zu Stickstoff (C:N), was ihren Abbau beschleunigt. Demgegenüber stehen die gemächlich wachsenden Gehölze eher magerer Standorte. Diese Arten halten sehr lange an ihrem Laub fest, denn gut Ding will Weile haben, schließlich haben sie mit dem geringen Nährstoffangebot im Boden auch sehr lange an ihm arbeiten müssen. Ihre Blätter enthalten daher auch nur wenige Nährstoffe und haben ein hohes Verhältnis von Kohlenstoff zu Stickstoff. Ihr Abbau dauert entsprechend lange, Destruenten haben ewig daran zu knabbern. Doch wie lange das Laub am Boden herumliegt, ist nur das, was wir oberflächlich sehen. Der Nährstoffgehalt entscheidet auch über die Kundschaft des Falllaubs, die für den Abbau verantwortlich zeichnet. Studien weisen darauf hin, dass die nährstoffreichen Blätter der Turbo-Pflanzen hauptsächlich Bakterien anziehen, was wiederum die Vermehrung ihrer Räuber fördert, wie Wimpertierchen und Nematoden.

Die mageren, kohlenstoffreichen Blätter der Trödel-Pflanzen fördern eine reiche Pilzpopulation als Destruenten und dadurch eine Fauna, die gern Pilze frisst, zum Beispiel Springschwänze und Milben.

SEI BODEN-COACH UND STELLE DEINE MANNSCHAFT ZUSAMMEN!

Schön und gut, aber was heißt das jetzt für den Garten? Als Fazit kann man ziehen, dass wir mit den Gehölzen, die wir in den Garten holen, die Zusammensetzung der Bodenlebewesen, vor allem der Mikroben, direkt beeinflussen können. Pflanzen wir raschwachsende Spezies mit nährstoffreichem Laub, schaffen wir ein Mikrobiom, das wie geschaffen ist für den Anbau von Gemüse. Hier sind Arten aus der Familie der Schmetterlingsblütler ganz weit vorne, denn sie arbeiten ja unterirdisch sogar mit stickstofffixierenden Bakterien zusammen, genauso wie die Schwarz-Erle (Seite 72). Du musst aber gar nicht unbedingt Bäume pflanzen, auch einjährige und staudige Schmetterlingsblütler, wie Wicken, Klee und Lupinen, haben diesen Effekt, zum Beispiel beim Vorbereiten des Bodens mit einer Gründüngung. Eichen, Buchen und immergrüne Nadelgehölze dagegen haben ein hohes C:N-Verhältnis mit schwer abbaubarem Laub. Hier wird man eher Pilze ernten können.

Ein Hauch von Nichts: Skelettfraß bei einem Laubblatt.

WER FRISST WIE?

Wenn du wissen möchtest, welche fleißigen Zersetzer du in deinem Garten finden kannst, schau dir die Blätter auf deinem Gartenboden einmal genauer an. Fensterfraß vor allem an der Blattunterseite stammt von Springschwänzen, Milben oder Rindenläusen. Werden die Fenster größer oder sogar zu Löchern, waren Zweiflüglerlarven am Werk. Ist das Blatt mehr oder weniger skelettiert und es sind nur noch der Stiel und die schwer verdaulichen Blattadern zu sehen, ist dies die Tätigkeit von Asseln, Tausendfüßern oder kleineren Schnecken wie der Kantigen Laubschnecke und den winzigen Glasschnecken. So ein hauchzartes, zerfressenes Blattgewebe kann dann wie ein kleines Kunstwerk aussehen.
Wenn die vielen Bodentiere und Pilze, die am Abbau der Pflanzenabfälle beteiligt sind, sterben, kommt nichts um, und sie werden wiederum von anderen Zeitgenossen gefressen. Auch Wurzeln abgestorbener Pflanzen sind Kohlenstoffspeicher, welche nach dem Verrotten Lücken hinterlassen, die dem Boden Sauerstoff zuführen und von Regenwürmern genutzt werden. Es ist daher sinnvoll, tote oder nicht mehr tragbare Pflanzen wo immer es geht nur oberirdisch zu roden und die Wurzeln an Ort und Stelle zu belassen. Das spart richtig viel Arbeit und führt vor allem bei voluminösen Gehölzrhizomen zu einer wahren Pilzparty im Boden.

HUMUS MUSS ES SEIN

Haben die Bodenorganismen genug Sauerstoff für ihre Abbautätigkeit vorgefunden und gute Arbeit geleistet, entsteht aus den Pflanzenabfällen, egal ob im Kompost oder auf dem Beet, der legendäre Humus. Auch organischer Dünger trägt dazu bei. Doch was ist dieser sagenumwobene Humus überhaupt? Es ist kompliziert: Man definiert ihn als die unbelebte organische Bodensubstanz. Ein guter Boden besteht fast zur Hälfte aus mineralischen Anteilen, die andere Hälfte sind Wasser und Luft, übrig bleiben etwa 7 % organische Masse mit einem hohen Humusanteil. Diesen unterteilt man wiederum in Nährhumus, der die Pflanzen schnell mit Nährstoffen versorgen kann, und in Dauerhumus. Dieser ist der beste und langlebigste Kohlenstoffspeicher und den wollen wir im Boden fördern, denn er entzieht der Atmosphäre CO_2 und speichert es für lange Zeit. Lagert sich der Humus an Tonminerale an, wird er besonders haltbar, man nennt dies Ton-Humus-Komplex. Auch der Schleim von Bakterien macht sich hier sehr nützlich und stabilisiert zusammen mit Pilzhyphen das Ganze.

KLIMAAKTIVER BODEN

Pflanzen rühren den Kohlenstoff im Humus nicht an, denn den gewinnen sie lieber aus der Luft, wie sie es bei ihrem Spezialgebiet, der Photosynthese, gewohnt sind. Pilze und Bakterien jedoch können aus dem Nährhumus praktischerweise wieder pflanzenverfügbare Nährstoffe gewinnen, wie Phosphor und Stickstoff. Hier schließt sich der Kreis – denn mit Hilfe dieser Moleküle entstehen neue Photosyntheseprodukte, die Kohlenhydrate. Lange Rede, kurzer Sinn: Mulchen, organischer Dünger und Kompost sind also die Mittel der Wahl, um unseren Boden zum kompetenten Klimahelden auszubilden. Gleichzeitig speichert er so die Feuchtigkeit besser, was die Pflanzen trockenheitsverträglicher macht, er ist luftiger und wimmelt nur so vor Lebewesen. Und das alles ist so viel einfacher und bequemer, als die Gartenabfälle möglichst platzsparend in der Biotonne zu entsorgen oder im Auto zum Wertstoffhof zu fahren und stattdessen Nährstoffe in mineralischer Form zu kaufen. Also: Kaufst du noch Dünger oder kompostierst du schon?

Hinten kommt der Humus raus: Regenwurmkot an der Bodenoberfläche düngt den Blaustern.

NOCH MEHR CO_2 UNTER DIE ERDE BRINGEN

Jetzt kommt die Kür! Sicher hast du auch schon davon gehört, dass man plant, all das überschüssige, klimaschädliche CO_2 aus der Luft oder aus dem Meer wieder unter der Erde einzuschließen, schließlich kommt es ja auch daher und war mal Erdöl oder -gas. Das Verfahren ist sehr aufwendig und nicht unumstritten. Doch auch wir Gartenbesitzer können es im Kleinen versuchen. Das ist zugegebenermaßen auch nicht ganz so einfach wie zu mulchen oder zu kompostieren, aber es ist machbar. Die Technik ist nicht neu und heißt Terra Preta, was Portugiesisch ist und Schwarze Erde bedeutet. Solche tiefschwarz gefärbten Böden hat man in den 1960er-Jahren im Amazonasgebiet entdeckt und sich gefragt, wie sie wohl entstanden sind. Es war paradox: Der eigentlich karge Regenwaldboden war hier nährstoffreich und fruchtbar, man stand vor einem Rätsel. Tatsächlich ist dieses Wunder menschengemacht, denn die Ureinwohner reicherten den Boden mit Pflanzenresten

Mulch muss nicht immer sein: Wegwarte, Färber-Hundskamille und Königskerze wachsen auch auf trockenen, mageren Böden.

und tierischen und menschlichen Fäkalien an, was nicht unbedingt gartentauglich klingt. Der Clou aber war die Kohle aus den Feuerstellen. Diese hat die Eigenschaft, dank ihrer porösen Oberfläche Nährstoffe aufzunehmen wie ein schwarzer Schwamm. Im Boden werden diese dann langsam an die Pflanzen abgegeben. Auch Wasser wird gut in der Pflanzenkohle gespeichert. Außerdem ist das Wundermittel ziemlich unangreifbar und speichert den enthaltenen Kohlenstoff sehr lange.

TERRA PRETA SELBER MACHEN ODER KAUFEN?

Im Garten kann man Terra Preta daher zur Bodenverbesserung, aber auch als CO_2-Speicher einsetzen – wir vergraben das böse Klimagas einfach. Ausgangsstoff sind hölzerne Pflanzenteile, zum Beispiel Äste oder Stämme, die zuvor den Kohlenstoff aus der Luft gespeichert haben. Sie werden nun nicht einfach verbrannt und dabei angeschwärzt, sondern im Pyrolyseofen bei sehr heißen 450–600 °C verkohlt. So bleibt mehr Kohlenstoff in der Kohle erhalten als bei einer schnöden Verbrennung, wo nur Asche übrig bleibt. Grillkohle ist daher auch nicht geeignet und enthält zudem Schadstoffe, außerdem ist ihre Herkunft oft nicht nachhaltig. So ein eigener, schicker Pyrolyseofen ist recht teuer und lohnt sich nur, wenn man große Mengen herstellen möchte – und auch viel Holz zum Verkohlen zur Verfügung hat. Kleinere Modelle sind günstiger, haben aber auch weniger Volumen. Man kann die Kohle auch kaufen, sogar schon fertig mit Nährstoffen und Mikroorganismen beimpft. Es gibt ein eigenes Zertifikat für schadstoffarme Produkte, das EBC (European Biochar Certificate), denn sie soll dem Boden gut tun und ihn nicht vergiften. Fertig beimpfte Kohle wird in den fertigen Kompost eingemischt und mit ihm auf die Beete ausgebracht. Die Regenwürmer graben sie dann für dich ein. Du kannst die aktivierte Kohle auch beim Pflanzen mit in das Pflanzloch geben. Selbst hergestellte oder gekaufte, noch nicht aktivierte Kohle muss erst mit Nährstoffen aufgeladen werden wie ein Akku. Dazu mischt man sie mit den Gartenabfällen zusammen in den Komposter. Ist dein Boden sehr sandig und enthält kaum Humus, sind Kohle und Kompost ein Dreamteam, das ihn fruchtbarer und wasserspeicherfähig macht.

IST BODEN-VERBESSERN IMMER BESSER?

Natürlich ist ein nährstoffreicher, immer feuchter Boden gut für den Anbau von Nahrungsmitteln. Die oben genannten Maßnahmen, um Kohlenstoff in den Boden zu bringen, sparen dann zusätzlich das CO_2 ein, das bei der Produktion und beim Transport von gekauftem Gemüse anfallen würde. Doch kann man einen mageren, sandigen Boden auch mit der Artenvielfalts-Brille sehen, denn hier wachsen die besten Pflanzen für Insekten, wie Gewöhnlicher Natternkopf, Wilde Rauke, Mauerpfeffer, Wilde Möhre, Luzerne und Reseda. Lass dich einfach überraschen, wer von selbst zur Party erscheint – die nähere Umgebung gibt Hinweise darauf, welche Pflanzen in den Startlöchern stehen. Noch dazu finden Wildbienen und solitäre Wespen in dem lockeren, trockenen Boden an sonnigen Stellen ideale Bedingungen für ihre Nistplätze. In diesem Fall lass einen Teil des Gartens ruhig von Kompost und Mulch unbehelligt und motze nur den Bereich für das Gemüse damit auf. Mulch ist kein Muss und muss vor allem der brummenden, summenden Zunft nicht im Wege stehen!

KLIMAFREUNDLICH GÄRTNERN

Auch Dinge, die weder ausatmen noch brennen, können eine schlechte CO_2-Bilanz haben. Bevor du jetzt die Klimakrise kriegst: Lerne die versteckten Feinde und ihre Alternativen kennen.

Stromlos, leise und noch dazu wendig ist der gute alte Handrasenmäher.

GUT ABWÄGEN

Buschwindröschen nicken mit Windkraft vor sich hin und brauchen keinen Strom. Zwiebelblumen laden ihren unterirdischen Akku mit ihren pflanzeneigenen Solarzellen auf und die einzigen seltenen Erden, die sie brauchen, sind Wurmhumus und Kompost. Ich für meinen Teil möchte im Garten entschleunigen und keine Kabel verlegen, ich verlege lieber neue Tulpenzwiebeln. Auftanken soll meine Domäne sein und nicht die der Elektrogeräte. Deswegen möchte ich keinen Mähroboter haben, der – so smart wie er ist – doch nur die analogen Krokusse übermähen würde, oder schlimmer noch: den Igel.
Bei anderen Elektrogeräten sind weniger Kollateralschäden zu erwarten, und bei ihnen ist es oft gar nicht so einfach, auf sie zu verzichten. Meine lärmende Lieblings-Maschine ist der Walzenhäcksler, der mir wieselflink Mulch macht. Vielleicht Luxus, aber mit seiner Hilfe kann ich alles, was an Schnittgut anfällt, in meinem winzigen Garten behalten, und die Pilzpopulation klatscht mir leise Beifall.

MÜFFELNDES METHAN

Staunässe wie hier auf einer Rasenfläche setzt Methan frei. Abhilfe schafft das Perforieren mit einer Mistgabel.

Andere gärtnerische Einflüsse auf die Umwelt sind gar nicht so offensichtlich wie der lautstarke Schredder: Sicher hast du auch schon mal angewidert einen stinkenden Übertopf geleert, der unbemerkt übergossen wurde und nun tagelang Zeit hatte, an der Ursuppe zu arbeiten. Müssen sauerstoffliebende Pflanzenwurzeln nämlich Staunässe erleiden, faulen sie, sterben ab und das miese Methan, ein klimaschädigendes Gas, wird frei. Zur Vermeidung solltest du für eine gute Drainage sorgen und vor dem Gießen kontrollieren, ob im Topf wirklich Dürre herrscht – nicht alle Pflanzen sind so nett und zeigen an, dass sie Wasser brauchen, und oft sieht Trockenheit der Staunässe oberirdisch verblüffend ähnlich: ein Teufelskreis. Auch Gartenteiche können Methan ausstoßen, wenn sie zu viel totes Pflanzenmaterial enthalten oder austrocknen. Halte Falllaub und andere modernde Teile daher fern vom Teich, bepflanze zwei Drittel der Oberfläche, damit er CO_2 absorbiert, und lass ihn nicht trockenfallen.

CO_2 IN BETON GEGOSSEN

Zement ist Staatsfeind Nummer eins in Sachen CO_2-Ausstoß, dieser wird auf etwa 590 Kilogramm pro Tonne Zement geschätzt. Er wird nicht nur beim Hausbau verwendet, sondern auch im Garten bei der Anlage von Wegen, Mauern, Treppen oder Terrassen. Beton hält dafür natürlich auch gigantisch lange. Wo er im Garten schon vorkommt, ist es also besser, keine schlafenden Hunde zu wecken, sondern ihn einfach liegen zu lassen. Sind die Bauwerke so gar nicht dein Geschmack, kannst du viele Teile, wie zum Beispiel Pflanzsteine aus Beton, weiterverschenken und so den ökologischen Fußabdruck von jemand anderem senken. Manchmal reichen aber schon kleine Schönheitsreparaturen: Waschbetonplatten kannst du einfach umdrehen und bemalen oder mit Kies kombinieren. Statt Sichtschutzwände einzubetonieren kannst du bei genug Platz eine Hecke pflanzen, die sich von selbst im Boden verankert.

LOCKER BLEIBEN: WEGE UND TERRASSE

Befestigte Oberflächen können nicht nur CO_2-intensiv in der Herstellung oder im Falle von Naturstein beim Transport sein, sondern auch die Annahme von Regenwasser verweigern, was zu Überschwemmungen und Wassermangel bei den Gartenpflanzen führen kann. Wege und Terrassen aus regionalem Naturstein schneiden besser ab als Betonsteine oder gar Asphalt. Mit versickerungsfähigen Zwischenräumen wird ein Teil des Regenwassers an Ort und Stelle aufgenommen. Noch besser sind bepflanzte Fugen, sie kühlen zusätzlich die Umgebung.

Kunterbunte Trockenmauer aus Recycling-Materialien für Jäger und Sammler: Vom Beton- bis zum Ziegelstein ist alles dabei.

Am aufnahmefähigsten sind wassergebundene Wegedecken aus Sand, Kies- oder Splitt-Sand. Sehr umweltfreundlich und dazu günstig in der Herstellung sind Wege aus Holzhäckseln. Lokale Baumpflegebetriebe geben große Mengen Hackschnitzel ab, du kannst das Material aber natürlich auch selbst im Garten aus Astschnitt herstellen und so dein eigenes Kreislaufsystem etablieren. Im Mulchweg fühlen sich selbst Käfer wohl. Auch Kies ist ein attraktiver Baustoff, wird aber oft vom Meeresboden gesaugt oder am Niederrhein abgegraben, wo dann seine Filterwirkung für das Grundwasser fehlt. Wenn du das vermeiden möchtest, verwende Recycling-Kies.

MIT MUSKELKRAFT ODER MOTOR?

Barfuß auf dem Rasen zu laufen lindert Stress und ist ein herrliches Gefühl, doch der grüne, geliebte Teppich hat einen sehr großen ökologischen Fußabdruck. Wenn er gepflegt aussehen soll, benötigt er Dünger und einmal pro Woche eine Behandlung mit dem Rasenmäher. Die Düngung ist am einfachsten auf nachhaltig umzustellen. Statt einem mineralischen Produkt, das aus Erdöl hergestellt wird und das Bodenleben negativ beeinflusst, nimm einen organischen Dünger. Mit ihm kann man auch nicht so schnell überdosieren und es gibt keine braunen Stellen, falls der Regen ausbleibt. Noch einfacher ist es, gar nicht zu düngen. Je feiner der Rasenmäher die Grashalme abschneidet, umso leichter kann man den Rasenschnitt einfach dort liegen lassen, wo er anfällt. Also fort mit dem Fangkorb! Grashalme enthalten viel Stickstoff. Mit Hilfe der Regenwürmer düngt sich der Rasen so quasi selbst.

LEINEN LOS

Handbetriebene Spindelmäher sind ein guter Kompromiss für kleine Flächen. Sie sind außerdem leise, kommen mit vergleichsweise wenig Plastik aus und haben einen Fitnesseffekt. Bei mehr Fläche muss man sich für eine Antriebsart entscheiden: Benzin, kabelgebunden oder mit Akku? Da das Stromkabel dazu neigt, die Stauden zu strangulieren und immer im Weg ist, ist man geneigt, zu einem unabhängigen

Wird der Rasen nicht jede Woche gemäht, blühen Gänseblümchen. Das ernährt Insekten und spart Strom.

Modell zu greifen. Der Vorteil bei einem strombetriebenen Modell ist, dass man Ökostrom verwenden kann, der vielleicht sogar vom Himmel fällt, also von einer Solaranlage auf dem Dach kommt. Benzinmäher dagegen produzieren so viele Schadstoffe wie einige Autos zusammen. Das gilt ebenso für kraftstoffbetriebene Kettensägen, Häcksler und Laubbläser.

UND DER AKKU?

Lithium-Ionen-Akkus haben sich mittlerweile so weit entwickelt, dass sie auch größere Rasenflächen schaffen. Auch bei ihnen gilt, dass man selbst entscheidet, woher der Strom zum Aufladen kommt. In der Produktion tragen sie jedoch zu einem Ausstoß von CO_2 bei, außerdem lassen sie sich immer noch nicht vollständig recyceln. Positiv ist, dass sich mehrere Hersteller zusammengeschlossen haben, um dasselbe Akkusystem zu verwenden. So benötigst du nicht für jedes Gerät einen eigenen Akku, was besonders bei selten eingesetzten Dingen wie Heckenschere oder Regentonnenpumpe sinnvoll ist. Dadurch werden insgesamt weniger Akkus produziert. Wenn du den Rasen dann nicht mehr wöchentlich mähst und statt einer Formschnitthecke eine freiwachsende pflanzt, ist die CO_2-Bilanz deines Gartens schon ein bisschen besser geworden. Eine richtig scharfe Japanschere spart außerdem so manche Kilowattstunde, weil sie Stauden und dünne Zweige schneidet wie Butter, also viel mehr Spaß macht als eine ratternde Elektroschere.

Der wichtigste Gartenhelfer ist die Rosenschere. Mit ihr kann man schon viel stromlos erledigen. Ein gutes Modell kann mit Ersatzteilen repariert werden.

GODZILLA IM GARTEN

Häcksler brauchen zu viel Energie für den Akkubetrieb. Diese Monster mit dem großen Schlund gibt es nur mit Stromkabel (aus dem idealerweise Ökostrom kommt) oder mit Benzinantrieb. Hier musst du abwägen, ob sich die Anschaffung lohnt. Durch das Schreddern von Astschnitt trägt das Gerät auf der anderen Seite auch dazu bei, dass du alles im Garten nutzbringend verwerten kannst, keine Biotonne brauchst und den Abfall nicht mit dem Auto zum Wertstoffhof fahren musst, womöglich eingewickelt in eine brandneue schwarze Plastiktüte. Außerdem schützt der entstandene Mulch den Boden vor Austrocknung und baut Humus auf, was wiederum CO_2 bindet. Immerhin bei einer Emission kann man sparen: Die Lautstärke ist immer nervenzerfetzend, aber Walzenhäcksler sind etwas leiser als Messerhäcksler und auch wartungsärmer, benzinbetriebene sind lauter als kabelgebundene.

IM RECHTEN LICHT

Die Lichtverschmutzung in den Städten ist nicht nur ein Problem für Sternengucker. Hier kannst du mehr als CO_2 sparen und auch ganz direkt zur Artenvielfalt beitragen, denn die Beleuchtung im Garten hindert nachtaktive Insekten daran, ungestört ihrer Arbeit nachgehen zu können. An ihnen können sich vor allem Nachtfalter bis zur Erschöpfung tot fliegen, aber auch Hornissen, Wespen und andere Insekten fliegen hier nachts oder kurz vor der Morgendämmerung zahllose Runden.

Tatsächlich geht die Individuenzahl der nachtaktiven Motten stärker zurück als die ihrer tagaktiven Verwandten.

Wo man nicht stolpern möchte und auf Licht nicht verzichten kann, minimiert ein Bewegungsmelder die Störungen für Tiere. Auch auf die Wellenlänge kommt es an: Natriumdampf-Niederdruck- und LED-Lampen sind für Insekten ungefährlicher als andere Typen. LEDs sind zudem sparsamer im Verbrauch und heizen sich weniger stark auf, was auch wichtig ist, damit anfliegende Insekten nicht zu Schaden kommen.

GRÜNE GEWÄCHSHÄUSER

Der Treibhauseffekt ist in aller Munde und du kannst ihn im Garten zu deinen Gunsten nutzen, um die Gemüsesaison in den Winter hinein zu verlängern. Ein Gewächshaus kann Essbares liefern, das keine weiten Wege hinter sich hat, und so deinen ökologischen Fußabdruck ganz lecker verkleinern. Da wären nur zwei Probleme: Das Heizen und das Material. Ein Gewächshaus aus Glas und Aluminium erzeugt bei der Herstellung zunächst einmal viel CO_2. Ein hölzerner Rahmen schneidet etwas besser ab, hält aber auch nicht so lange. Je länger du dein Treibhaus nutzt und je mehr Salat oder Tomaten du aus ihm gewinnst, umso besser wird seine Ökobilanz. Vielleicht kannst du sogar ein gebrauchtes Modell auftreiben oder es aus alten Fenstern bauen. Oben geschlossene Foliengewächshäuser lassen sich schlecht belüften und werden leicht zur Todesfalle für Insekten.

Ein Gewächshaus mit Holzrahmen ist nachhaltiger als eines aus Alu, braucht aber mehr Pflege und wird schneller altersschwach.

WENN DIE EISZEIT KOMMT

Die Winter werden zwar immer milder, was es immer leichter macht, Gemüse auch in der dunklen Jahreszeit zu ziehen, aber trotzdem gibt es ab und an noch sibirische Temperaturen, die es nötig machen, zu heizen. Um dies so wenig wie möglich zu tun, kann man ein Anlehngewächshaus bauen und so die Abwärme vom Wohnhaus einfangen, eine Seite ist dann besonders kuschlig isoliert. Auch ein in den Boden eingelassenes Gewächshaus spart etwas Energie. Meist überbrückt man kurze Eiszeiten mit einem Paraffinofen oder einer Petroleumlampe. Da die Entwicklung von Solarpaneelen immer weiter voranschreitet, ist es nun möglich, das Gewächshausdach aus semitransparenten Paneelen zu bauen. Untersuchungen zeigen, dass den Pflanzen ihre Lieblingswellenlängen nicht verloren gehen, obwohl ihre grünen Solarzellen nun in Konkurrenz zu denen auf dem Dach treten. Auch wenn die Solarenergie nicht zum Heizen im sonnenarmen Winter reicht, kompensiert sie fossile Brennstoffe. In kalten Nächten schützt eine Isolation aus Pappe die Gewächshausinsassen zusätzlich.

FRÜHBEET: DER MIST MACHT'S

Es muss nicht immer gleich ein ganzes Gewächshaus sein. Frühbeete sind nah am Boden und lassen sich gut isolieren. Sie sind auch eine prima Verwertungsmöglichkeit für ausgediente Fenster – doppelt hält besser: Bekommt dein Haus Dreifachverglasung, kannst du ein Frühbeet mit der alten Doppelverglasung auf einen Holzrahmen bauen. Eine Seite des Frühbeets ist höher als die andere, so wird es zur Sonne ausgerichtet und fängt die Energie ein. Noch ein alter Trick sind Mistbeete, quasi ein Frühbeet mit Fußbodenheizung, das unseren eigenen ökologischen Fußabdruck verbessert: Da Pferde so schlechte Futterverwerter sind, enthält ihr Mist immer noch viel unverdautes Material. Gut für uns, denn daraus lässt sich Wärme gewinnen, wenn die Pferdeäpfel weiter verrotten. Reiterhöfe geben den Mist oft kostenlos ab. Zunächst wird die Gartenerde im Frühbeet ausgehoben und stattdessen gut mit Wasser getränkter Pferdemist etwa 60 cm hoch eingefüllt, dann festgetreten. Die ausgehobene Erde wird mit Kompost gemischt und über den Mist gelegt. Nach einer Ruhezeit von ein paar Tagen kann gepflanzt oder gesät werden, der Mist kommt jetzt in Wallung – sogar schon Ende Januar kannst du beginnen! Bei zu starker Sonneneinstrahlung muss das Frühbeet belüftet werden oder bekommt eine Strohmatte als Sonnenhut, die auch bei Kahlfrost verwendet werden kann.

Clevere Wärmeblase mit Belüftung: Ein Frühbeet verlängert die Gemüsesaison ganz gewaltig.

Ich bin
ENERGIESPARER!

PLASTIK-DETEKTIVE

Das Gärtnern als das grünste Hobby der Welt **kommt doch sicher ohne Kunststoffe aus? Doch wenn man mal ganz genau nachschaut, findet man reichlich Dinge, bei denen man nicht mal im Traum an Plastik gedacht hätte.**

Nicht jedes Kunststoffteil muss verwerflich sein, denn je länger es verwendet wird und je weniger es zum Bröseln neigt, umso nachhaltiger ist es.
Folgende Kategorien sind zur Fahndung ausgeschrieben:

DIE UNGETÜME

Die unverwüstlichen Plastikmonster gehen als Kunststoffmethusalem in die Gartengeschichte ein. Ob Regentonne, Thermokomposter, Blumenkasten oder Gießkanne, sie alle zeichnen sich dadurch aus, dass sie bei pfleglicher Behandlung durchaus ein stolzes Alter erreichen können. Sie sind oft aus Polyethylen und sehr UV-beständig. Die Gießkanne wird sicher als erste mürbe, denn sie reißt gern oben an der Öffnung ein. Du kannst ihr Leben verlängern, indem du sie möglichst nicht bei Frost mit Wasser im Bauch draußen stehen lässt. Hat es sie doch irgendwann zerrissen, kannst du über eine Metallgießkanne nachdenken. Gießkannen aus Metall sind Freunde fürs Leben und auch im Stand dekorativ.
Hellhörig sollte man bei allen Teilen werden, die aus PVC bestehen, denn diese können Weichmacher abgeben.

DIE UNVERMEIDLICHEN IM UNTERGRUND

Bei vielen Gartenelementen scheint es nicht zu ändern zu sein: Plastik muss her. Vor allem dort, wo Flexibilität gefragt ist – ob Wurzelsperre, Unkrautvlies, Teichfolie oder Rasenkante – denn verbiegen kann sich Kunststoff wie nur was, noch dazu ist es wasser- oder lichtdicht. Folien sind dann aus den Augen, aus dem Sinn, zumindest bis der Teich undicht oder der Bambus doch zum Ausbrecherkönig wird. Die Beetbegrenzung ist oft die erste, die in grüne, spröde Stücke zerfällt. Genauso flexibel, aber stabiler, sind dünne Elemente aus Metall. Beim Gartenteich geht es nur mit großer Mühe ohne Folie, indem die Mulde aus Lehm angelegt wird. Wenn es nicht anders geht, greife zu langlebigen, hochwertigen Folien, die UV-beständig sind und keine Weichmacher abgeben. Ersetze Unkrautvlies durch Mulch oder Pappe.

DIE UNSTETEN

Viele Kleinteile neigen dazu, einfach zu verschwinden, entweder ab ins Beet, in den Kompost oder die Biotonne. Dazu gehören Pflanzenstecker und -klammern oder kunststoffbeschichteter Draht. Du kannst erstere durch Eisstiele ersetzen, die anderen durch Schnüre aus Naturfasern oder Papierdraht.

DIE UNSICHTBAREN

Hier brauchst du Spürsinn. Bei vielen Dingen wäre man vorher nicht mal auf die Idee gekommen, ihnen zu misstrauen, bis man in der Erde oder im Kompost immer wieder seltsame störrische Gebilde findet, die einfach nicht verrotten. Kokosquelltöpfe können zum Beispiel eine Hülle aus Kunststoff haben, die wie ein starres Korsett die Wurzeln einengt. Es gibt aber Varianten mit Baumwollhülle oder du säst gleich in Paperpots, die du aus Zeitungspapier selbst rollst. Weitere Unsichtbare sind polyurethan-ummantelte Langzeitdünger, Plastikfragmente in Bastelbeton oder kunststoffhaltige Leime und Farben.

Tomatenanzucht artgerecht und ohne Plastik: Der Quelltopf hat eine Baumwollhülle, die Wurzeln können sich frei entfalten.

#PLASTIKFREIGÄRTNERN – WIE VIELE DIESER DINGE KANNST DU FINDEN? SCHAFFST DU ES SOGAR, SIE ZU VERMEIDEN?

WELTRETTER-WAFFE „NO DIG"

Bitte was? „No Dig"? Diese Methode des Gärtnerns stammt aus dem Englischen und bedeutet einfach nur: Es wird nicht umgegraben. Den Boden, den Rücken und das Klima freut's.

Das Hügelbeet wurde nach der No-Dig-Methode rückenschonend auf einer Rasenfläche angelegt.

SPATENLOS GLÜCKLICH

Im elterlichen Garten war es üblich, dass mehrfach im Jahr schweißtreibend sämtliche Beete umgegraben wurden. Bei der Gelegenheit musste auch das Herbstlaub, oder was davon übrig war, weichen. Der Boden sollte gefälligst locker und sauber aussehen – zumindest im Rahmen seiner Möglichkeiten. Stauden waren nur vorn an der Rasenkante erlaubt, unter den Sträuchern wurde ihnen ein Platzverweis erteilt. Sobald ich einen eigenen Garten hatte, habe ich auch sofort gegen diese Maßnahmen meiner Altvorderen aufbegehrt und den Boden in Ruhe gelassen, stattdessen durften überall Stauden wachsen und das Laub liegenbleiben, außerdem habe ich den Boden im Frühjahr mit selbst gemachtem Kompost beworfen. Heute hat das Ganze einen Namen: Die No-Dig-Methode – und diese wird noch viel sinniger bei Gemüsebeeten.

DEN REGENWURM UND DEN RÜCKEN SCHONEN

Den Nutzgarten hat man früher ganz klassisch umgegraben. Man ging davon aus, dass die Pflanzen einen lockeren Boden brauchen und ihn nur so bekommen konnten. In Wahrheit wachsen Wurzeln auch ohne Umgraben ganz prima. Wer sich aber als erstes über so viel Aktionismus beklagt, sind die Regenwürmer, deren Wohnröhren besonders bei den oberflächennahen Arten dadurch auf links gezogen werden. Das feine Geflecht der Mykorrhiza-Pilze wird ebenfalls zerstört. Mikroorganismen, die gern in den oberen sauerstoffreichen Bodenschichten leben, finden sich plötzlich im sauerstoffarmen Milieu wieder und umgekehrt. Bis sich das Ganze wieder sortiert hat, vergeht viel Zeit. Die Pflanzen leiden unter dem Durcheinander ganz gewaltig, werden ihnen doch Symbiosepartner und Nährstofflieferanten entzogen. Unkrautsamen, die vorher unter Verschluss gehalten wurden, wittern plötzlich Morgenluft und keimen. Was beim Klatschmohn noch durchaus erfreulich ist, kann bei anderen Arten zum Nachteil der Gemüsepflanzen sein. Der Spaten zerteilt außerdem die Rhizome von Wurzelunkräutern und verstreut sie dadurch auf einer noch größeren Fläche. Die No-Dig-Methode ist anders. Der Boden wird nicht umgegraben, stattdessen wird das Beet mit Kompost gemulcht. Die Unkrautsamen bleiben wo sie sind, die Regenwürmer und Mikroben auch. Die Bandscheibe hat Ruhe.

Der Spaten sollte höchstens zum Pflanzen größerer Gewächse zum Einsatz kommen.

HOHE ERTRÄGE, GERINGER EINSATZ

Der No-Dig-Pionier Charles Dowding nutzt diese Methode schon lange mit großem Erfolg und hat zu Anschauungszwecken Vergleichsbeete direkt nebeneinander angelegt: eines wird umgegraben, das benachbarte nicht. Die Erträge sind in etwa gleich, das No-Dig-Beet erwirtschaftet sogar ein bisschen mehr. Durch den dunklen Kompost erwärmt sich dieses Beet im Frühjahr schneller, außerdem macht es viel weniger Arbeit, weil weniger Unkraut keimt. Wasser wird besser aufgenommen. Der Kohlenstoffanteil im Boden ist beim No-Dig-Beet höher, denn durch den Kompost wird immer neue organische Substanz aufgebracht, die von den Bodenlebewesen zu Humus und pflanzenverfügbaren Nährstoffen aufbereitet wird. Da die Pilze und Bakterien unbeschadet in ihren angestammten Bodenschichten bleiben dürfen, können sie der Pflanze auch einen erstklassigen Service bieten und Nährstoffe verfügbar machen. Das Geflecht der Mykorrhiza-Pilze bleibt intakt, und so reichern sie den Boden mit Glomalin an, einem Protein, an dem Bodenpartikel haften. Es stabilisiert die Hyphen und erleichtert ihnen den Transport von Wasser und Nährstoffen. Auch wenn das Pilzgeflecht längst abgestorben ist, bleibt das äußerst stabile Glomalin an Ort und Stelle, verhindert Erosion und bindet CO_2 über Jahre bis Jahrzehnte. Mykorrhiza erhöht also den Kohlenstoffanteil im Boden und wirkt dem Klimawandel entgegen.

Da die No-Dig-Methode wiederum die Pilzgeflechte schont, hat sie somit einen großen Anteil am klimafreundlichen Gärtnern.

Das Gemüse braucht keinen umgegrabenen Boden, der Klatschmohn aber ist kein Fan von No-Dig und wächst nur, wo das Erdreich immer wieder gestört wird.

Im No-Dig-Beet keimt auch Beikraut aus dem Kompost, das dank des lockeren Bodens aber rasch gejätet ist.

EIN NO-DIG-BEET ANLEGEN

Wenn du ein Stück Rasen zu einem Gemüsebeet umfunktionieren möchtest, ist diese Methode ideal, denn du musst die Grasnarbe nicht entfernen und den Boden nicht umgraben. Falls Brombeeren oder andere verholzende Wucherpflanzen aus dem Rasen hervor kommen, sollten sie allerdings ausgestochen werden. Lege dann die Fläche, die du für das Beet vorgesehen hast, mit Pappe aus, die möglichst nicht bedruckt ist. Die Lagen sollten sich überlappen, damit Unkräuter nicht allzu leicht durch die Lücken wachsen können. Dann schüttest du die Fläche mit reifem Kompost zu, am besten bis zu einer Dicke von 15 cm. Du kannst einen Holzrahmen bauen, in den du den Kompost füllst, es ist aber auch möglich, das Ganze als Hügelbeet ohne Begrenzung zu bauen. Wenn dein Kompost nicht reicht, hast du vielleicht ein Kompostwerk in der Nähe, wo du losen Grünschnittkompost bekommen kannst. Falls dieser aber gedämpft wurde, um Unkräuter abzutöten, ist das Bodenleben darin auch hinüber, und du solltest ihn wenigstens mit eigenem Kompost impfen, um ihn wieder lebendig zu machen. Torffreie Blumenerde geht zur Not auch, aber Kompost ist besser, da er voller Mikroben, nützlicher Milben, Nematoden und Würmer ist. Harke das Beet glatt und schon kannst du es einsäen. Mit der Zeit verrottet die Pappe und ist nicht mehr zu sehen. Damit sie gleich aus den Augen ist, kannst du die unter dem Kompost hervorschauenden Ränder mit Asthäckseln aus dem Garten auffüllen, so entsteht ein matschfreier Weg rund um das Beet. Unkräuter, die im Kompost wachsen, sind dank der lockeren Struktur schnell gejätet. Bei hartnäckigen Wurzelunkräutern hilft die Pappe nicht so gut. Wenn du sie aber immer wieder abschneidest oder herausreißt, wird ihnen irgendwann die

Puste ausgehen. Bei manchen Arten geht das schnell, bei anderen wie Zaunwinde und Quecke dauert es länger. In den folgenden Jahren brauchst du weniger Kompost, da du das Beet im Herbst nur mit ihm mulchst, wo immer eine Fläche frei geworden ist.

NO-DIG IM STAUDENBEET

Du kannst den ganzen Garten auf diese Methode umstellen. In den Staudenbeeten wird vielleicht nicht umgegraben, aber auch hier lässt sich die Bodenbearbeitung minimieren. Dazu kannst du auf langlebige Pflanzen setzen, die lange unbehelligt am selben Ort stehen können, ohne dass man sie ständig aufnehmen und teilen muss. Dazu gehören Wald-Geißbart, Lenzrosen, Platterbsen, Kugeldisteln, Indigolupine, Blut-Weiderich oder viele horstig wachsende Gräser. Diese verlässlichen Beetbewohner haben alle Zeit der Welt, Allianzen mit Mykorrhiza-Pilzen und Mikroben einzugehen, entsprechend stabil ist die Lebensgemeinschaft im Boden um sie herum. Eine andere Möglichkeit ist es, auf selbstversamende Pflanzen zu setzen, für die man keinen Spaten braucht, um sie einzupflanzen. Diese Arten werden auch Blackbox-Pflanzen genannt, weil man nie weiß, wie das Beet im nächsten Jahr aussehen wird. Beide Lebensmodelle ergänzen sich gut, die eigenständigen Gewächse suchen sich ihren Platz rundum die Sitzenbleiber. Auf Saisonware wie bunte Stiefmütterchen, für die man jedes Jahr den Spaten schwingen muss, verzichtet man. Anstatt auf kurzlebige Blumenzwiebeln wie die Diven unter den Tulpen zu setzen, die schon nach einer fulminanten Saison oft nie mehr blühen, setzt man auf Wildarten und einfache Tulpen, die sich halten oder sogar verbreiten. Sie gräbt man nur einmal ein und der Boden hat Ruhe. No-Dig ist also eine Philosophie, die man auf den ganzen Garten anwenden kann.

Statt wie im Wechselflorbeet aufwendig immer wieder neue Einjährige zu pflanzen, setzen wir lieber auf ausdauernde und sich selbst versamende Arten.

Stets zu Diensten:

REGENWÜRMER

DIE HELDEN IM UNTERGRUND!

HIER TOBT DAS LEBEN: KOMPOST UND CO.

Der beste Bodenverbesserer der Welt ist Kompost. Er ist kostenlos und spart sogar die Biotonne. Dieses Wundermittel herzustellen ist nicht schwer.

Zwiebelblumen freuen sich im Frühjahr über eine Kompostgabe. So speichert der Boden auch die Feuchtigkeit viel besser.

BIOTOP KOMPOST

Kompost wimmelt vor Leben: Bakterien, Pilze, Würmer, Asseln und Milben sind hier zuhause und zersetzen Pflanzenabfälle in eine mehr oder weniger homogene organische Masse. Wenn wir Kompost auf den Beeten verteilen, bekommt der Boden die ganze Mannschaft an Bodenlebewesen zu spüren, zusätzlich kommt organische Masse hinzu, die von den Organismen in pflanzenverfügbare Nährstoffe und Humus umgewandelt wird.

LAGE, LAGE, LAGE

Guter Kompost braucht zunächst einmal einen würdigen Rahmen, in dem er entstehen kann. Die gute Nachricht ist, dass er keinen Platz an der Sonne braucht, sonst erhitzt er sich zu stark. Er darf also ruhig etwas stiefmütterlich behandelt werden und in einer nicht so einsehbaren, schattigen Gartenecke stehen. Du solltest ihn nur gut und möglichst ohne Matsch an den Schuhen erreichen können, damit du auch im Winter Lust hast, ihn mit Gemüseabfällen der Saison zu füttern. Wenn du einen großen Garten hast, brauchst du sicher auch Platz, um mit der Schubkarre vorfahren zu können. In kleinen Gärten greift man gern zum Thermokomposter, weil er kompakt ist und man sich das Durcheinander in seinem Inneren nicht so genau anschauen muss. So ein Modell ist allerdings aus Plastik und wird innen schnell zu feucht. Auch ist er nicht gut belüftet, was zu einem anaeroben Abbau der Pflanzenabfälle führen kann. Dann wird der Kompost matschig-klebrig statt schön krümelig. Ein selbstgebauter Komposter aus ausgemusterten Paletten kann dagegen atmen und trocknet gut ab, muss allerdings in trockenen Sommern wie die Beete auch gegossen werden. Wenn du

Luftig und nachhaltig: ein Palettenkomposter. Dieser hier könnte aber mehr stickstoffhaltiges Material vertragen.

sehr viel Kompost brauchst, baue gleich zwei bis drei Kammern, so hast du immer reifen Kompost zur Hand, während nebenan schon die nächste Portion in Arbeit ist. Wichtig ist Bodenkontakt, damit Kompostwürmer einwandern können. Falls das nicht möglich ist, kannst du sie auch selbst ansiedeln, beispielsweise aus einem anderen, quicklebendigen Kompost.

DIE MISCHUNG MACHT'S

In den Kompost gibt man gut gemischt „grüne" und „braune" Bestandteile, also weiche und holzige. Gemüsereste aus der Küche, Grasschnitt oder abgeschnittene frische Staudentriebe fallen in die Kategorie grün. Äste, Stroh, vertrocknete Staudenstängel, Eichenlaub oder Pappe sind braun. Die grünen Bestandteile haben ein niedriges Kohlenstoff- zu Stickstoff-Verhältnis (C:N), enthalten also viel Stickstoff und verrotten rasch. Sie werden eher durch Bakterien abgebaut, was relativ schnell geht. Anteile mit einer hohen C:N-Ratio dauern dagegen länger, bis sie abgebaut sind, denn diese eher holzigen Materialien sind das Metier der Pilze, und die arbeiten nach dem Motto: „Gut Ding will Weile haben". Die beiden Fraktionen sollten immer wieder gut gemischt werden, das bringt auch Sauerstoff in die Rotte. Optimal wäre ein Verhältnis C:N von 30:1, darunter wird schädliches Ammonium frei. Das wäre zum Beispiel der Fall, wenn man den Kompost nur mit Grasschnitt aufsetzt, der ein Verhältnis von 15–25:1 hat – und jeder, der schon mal einen Haufen davon in einer stillen Ecke aufgeschichtet und vergessen hat, weiß, wie sehr das stinkt und wie heiß es wird.

Bio-Bananenschalen, Kaffeefilter und Zeitungspapier dürfen auf den Kompost.

GRÜN GLEICH STICKSTOFF

Wie mischt man denn dann richtig, schließlich steht man ja selten mit der Waage neben dem Komposter, um die richtigen Zutaten zu mischen? Es kommt dabei sehr aufs Gefühl an. Als Faustregel gilt: Je grüner etwas ist, desto mehr Stickstoff enthält es. Verrotten die Abfälle zu langsam, musst du mehr grüne Bestandteile einwerfen, da der Abbau Stickstoff benötigt. Um den Lebewesen mehr Angriffsfläche zu bieten, sollten holzige Materialien außerdem grob zerkleinert werden, ganze Äste sieht man sonst jedes Jahr nahezu unverändert wieder. Die gute Nachricht ist, dass Kompost eher zu wenig als zu viel Stickstoff enthält, und man daher reichlich Küchenabfälle zugeben kann, bevor Ammonium angehäuft wird – eine funktionierende Rotte stinkt nämlich nicht.

WAS DARF IN DEN KOMPOST?

- Abgelaufenes aus der Küche (Hefe, Kakao, Gelatine, Agar-Agar, Mehl u. a.)
- alte Blumenerde
- angetrockneter Grasschnitt oder frischer in einer dünnen Schicht, sonst stinkt es
- Astschnitt gehäckselt
- Bio-Bananenschalen
- Blätter von Zimmerpflanzen
- Eierschalen, am besten zerdrückt
- Eisstiele
- Falllaub
- Fallobst
- für den Heimkompost geeignete pflanzenbasierte Verpackungen
- in kleinen Mengen Schalen von Bio-Zitrusfrüchten
- Kaffeetrester
- Kleintierstreu
- Küchenabfälle von Obst und Gemüse
- loser Tee
- Pferdemist (Vorsicht aber vor Entwurmungsmitteln oder Antibiotika)
- Sägespäne
- Staudenstängel, am besten zerkleinert
- Stroh
- Teebeutel ohne Kunststoff
- Unkraut, am besten gut angetrocknet

Ein Thermokomposter macht alles ungesehen, neigt aber zu anaerober Rotte, was zu Stickstoffverlust führt. Daher öfter lüften.

WAS DARF NICHT AUF DEN KOMPOST?

- Inhalt von Staubsaugerbeuteln (enthält Mikroplastik)
- pestizidbehandelte Pflanzen, dazu zählt auch mit Unkrautvernichter behandelter Rasenschnitt
- gekochte, salzige Speisen oder Salatreste mit Dressing
- bunt bedruckter Karton
- zu viel Holzasche (kann Schwermetalle enthalten)
- Teebeutel aus Polylactid (verrotten nicht im Gartenkompost)
- Quelltabs zur Anzucht mit Plastikhülle
- Langzeitdünger-Kegel (sind mit Polyurethan ummantelt)
- behandeltes Holz

DIE STICKSTOFFPROFIS IM KOMPOST – EIN EWIGER KREISLAUF

Der Abbau von Pflanzenabfällen braucht Stickstoff – wo kommt er her, wo geht er hin? Alles im Kompost enthält ihn in Form von Proteinen und DNA. Das sind aber zu große Geschütze für Pflanzen und Mikroben, sie brauchen Stickstoff leicht verdaulich und wasserlöslich – und bauen daraus eigene Proteine und DNA, damit sie wachsen und sich vermehren können. Also muss der organische erst in anorganischen Stickstoff überführt werden, was Mineralisierung genannt wird. Einige Bodenbakterien

sind Spezialisten darin, Proteine in Ammoniak (NH_3) oder Ammonium (NH_{4+}) umzuwandeln, was Ammonifikation genannt wird. Dabei gewinnen sie Energie, denn sie arbeiten nicht umsonst. Andere Bakterien namens Nitrosomas und Nitrobacter machen als Dreamteam aus Ammonium erst Nitrit (NO_2), dann Nitrat (NO_{3-}). Dabei wird Sauerstoff verbraucht. Bazillen der Gattung Nitrospira sind die Streber, sie wandeln Ammoniak direkt in Nitrat um. Diese cleveren Dienstleistungen werden Nitrifikation genannt. Nitrat ist nun genau nach dem Geschmack der Pflanzen, die es aufnehmen und verwerten können. Die Nitrifikation ist im Kompost der begrenzende Faktor. Wird dem Kompost also zu viel stickstoffreiches Material zugemutet, kommen die netten Nitro-Bakterien nicht hinterher und giftiges Ammonium reichert sich an. Ist der Abbau in unserem Komposter zu träge, fehlt Stickstoff. Genau darauf zielen Kompostbeschleuniger als Stickstoffquelle ab, sind aber in der Regel nicht nötig, wir können auch einfach Grasschnitt oder Küchenabfälle verwenden.
Ist der Kompost feucht und sauerstoffarm, werden anaerobe Bakterien gefördert, die das Nitrat durch Denitrifkation in Luftstickstoff verwandeln, wodurch es verloren geht. Daher ist ein luftiger, gut durchmischter Kompost so wichtig.

KLEINE HELFER IM KOMPOST

Unser unscheinbarer Komposter gewinnt vielleicht keinen Schönheitspreis, ist aber sicherlich der unangefochtene biologische Hotspot im Garten.

Hier geht es zu wie in der Großstadt, Mikroben und größere Lebewesen geben sich die Klinke in die Hand. Auch wenn die meisten von ihnen nicht niedlich oder kuschlig sind und wir viele nicht einmal mit bloßem Auge sehen können, sind sie doch allesamt wichtig, damit das Kompostieren klappt. Die größten Tiere sind die Kompostwürmer (*Eisenia foetida* und *Dendrobaena veneta*). Sie zeichnet aus, dass sie keine Röhren brauchen wie die Regenwürmer und ein Faible für feuchte, dunkle Orte mit viel organischem Material haben. Sie sind also mobil und ungebunden, was sie zu wahren Fressmaschinen und Erdarbeitern macht. Man findet sie bevorzugt in den Schichten, wo sich noch viele unzersetzte Pflanzenteile befinden, abgegraste verlassen sie recht schnell. Im Darm der Würmer befinden sich reichlich nützliche Mikroorganismen, die ihnen beim Abbau von Cellulose helfen. Ohne diese Helfer würden sie Verdauungsbeschwerden bekommen und die Rotte würde stocken. Asseln sind ebenfalls reichlich vertreten. Ihr Kot wird von Mikroben besiedelt und noch weiter abgebaut. Vielleicht sind sie nicht die Kompostbewohner der Herzen, aber nur wenn Kompostwürmer und Asseln zusammenarbeiten, läuft der Abbau effektiv.

LICHTSCHEUE BEWOHNER

Hundert- und Tausendfüßer gehören ebenfalls zum Fußvolk im Komposthaufen und futtern Pflanzenmaterial genauso wie Pilzhyphen. Sie haben eine schlechte Verdauung, fressen ununterbrochen und produzieren dabei Unmengen an Kot, tragen also zur Humusbildung bei. Hinzu kommen Fliegen- und Mückenlarven wie die von Trauermücken, die wir an den Zimmerpflanzen nicht mögen, aber die sich in diesem Fall nützlich machen können. Im Kompost leben außerdem Springschwänze, Milben, Nematoden und natürlich Unmengen an verschiedenen Pilzen und Bakterien. Obwohl die Mikroben die Hauptarbeit stemmen, braucht es auch die größeren Fresser, da sie die Oberfläche der Pflanzenmaterialien vergrößern und sie so oft erst erreichbar machen für die kleinen Helfer.

Kompostwürmer sind flexibel, fruchtbar und besiedeln den Kompost freiwillig, leben aber auch in der Laubstreu auf den Beeten.

KOMPOST IN DER KÜCHE ...

Hast du nur einen Balkon, möchtest aber trotzdem tausende Haustiere halten, die deine Küchenabfälle zu düngendem Humus verarbeiten? Kein Problem, für kleine Mengen reicht auch eine Wurmkiste. Diese kannst du aus Holz selbst bauen oder ein Fertigprodukt kaufen. Es gibt Sets, die alles Nötige enthalten, inklusive der Besatzung an Kompostwürmern. Professionelle Systeme bestehen aus mehreren Kammern, die übereinander angeordnet sind. In der untersten Kammer sammelt sich der Wurmhumus, den du zum Düngen verwenden kannst. Darüber ist der Wohnbereich der Würmer, ganz oben werden die Abfälle hineingegeben. Die Tiere bewegen sich selbstständig zwischen den Schichten. Es gibt Türme aus Kunststoff und welche aus Keramik. Da die Würmer am besten bei Temperaturen zwischen 15 und 25 °C arbeiten, können sie an kalten Wintertagen in der Küche oder anderswo im Innenraum wohnen. Im Sommer darf die Kiste auf dem Balkon stehen.

... ODER AUF DEM BALKON

Ist es dir lieber, wenn die Wurmkiste immer draußen steht? Auch das geht, jedoch arbeitet sie bei kalten Temperaturen weniger effektiv, denn die Bewohner gehen dann in Winterstarre und somit in den Hungerstreik. Dann hast du im Winter einen Stau an Küchenabfällen, die du anderweitig entsorgen musst. Wurmkisten aus gebranntem Ton sind allerdings nicht immer frostsicher und können mit der Zeit Ausblühungen zeigen, was nicht so appetitlich aussieht. Da im Haushalt eher weiche, stickstoffreiche Materialien anfallen, musst du zu etwa einem Drittel kohlenstoffreiche Teile hinzugeben. Das kann Pappe sein oder Zeitungspapier, aber auch trockenes Laub, das auf deinen Balkon geweht wurde.

Je länger die Wurmkiste betrieben wird, umso eher wirst du auch andere Bewohner finden. Häufig sind Milben, die ebenfalls spitze sind im Abbau von Pflanzenmaterial. Sie können sich rasant vermehren, was dann etwas wuselig aussieht, sie sind aber völlig harmlos und werden keinen Vorstoß auf deinen Kühlschrank wagen. Springschwänze sind ebenfalls Gäste der Wurmkiste. Wenn du keine Sechs- und Achtbeiner in so großen Mengen in der Wohnung haben möchtest, wäre das ein Argument für die kalte Kompostierung auf dem Balkon. Auch Enchyträen können sich einfinden, das sind weiße, durchscheinende Würmer, die genauso gut arbeiten wie die Kompostwürmer, nur aufgrund ihrer geringen Größe weniger Appetit haben. Wurmkisten aus Kunststoff haben oft unten einen Ablasshahn, aus dem die Wurmtee genannte Flüssigkeit abgelassen wird, die bei der Kompostierung entsteht und die ein hervorragender Flüssigdünger ist. Da das Holz den Wurmtee aufsaugt, gibt es diese Möglichkeit nicht bei hölzernen Wurmkisten.

KOMPOSTIEREN DIREKT IM BEET

Hast du ein Hochbeet, große Kübel oder nur ein sehr kleines Beet zur Verfügung, kannst du eine Wurmröhre nutzen. Diese besteht aus einer Tonröhre mit großen Löchern und einem Deckel. Unten ist sie offen. Man gräbt den Behälter ein, sodass nur noch der obere Rand aus der Erde schaut. Am besten ist eine beschattete Stelle, damit die Röhre nicht zu heiß wird. Küchenabfälle werden oben hineingegeben und der Deckel aufgesetzt. Wie bei der Wurmkiste ist es auch hier wichtig, dass der Inhalt nicht so nass und stickstoffreich ist. Eine Zugabe von Pappe oder klein geschnittenen Staudenstängeln führt die nötigen kohlenstoffreichen Anteile hinzu. Setze ein paar Kompostwürmer oben auf, die du von einem bestehenden Kompost

Der selbstgebaute Behälter ist unten offen und erlaubt das direkte Kompostieren im (Hoch-)Beet oder großen Kübel.

besorgen kannst. Da das System kein großes Volumen hat, braucht man nur eine kleine Mannschaft. Die Würmer können nun frei entscheiden, ob sie in der Röhre bleiben oder für ein Techtelmechtel durch die Löcher in die umgebende Erde wandern möchten. Bei Trockenheit muss die Röhre gewässert werden. Der Biomüll sackt irgendwann in sich zusammen, sodass oben wieder Platz ist, um neuen aufzufüllen. Ist die Röhre voll und bis auf die oberste Schicht kompostiert, kannst du den Inhalt verwenden. Im Handel erhältliche Komposträhren haben den Vorteil, dass die seitlichen Löcher vorhanden sind. Du kannst es aber auch mit einem Tontopf versuchen, der nur unten ein Loch hat. Ein Untersetzer oder eine Tonschale dient als Deckel. Das ist die günstige, wenn auch nicht ganz so offene DIY-Variante.

KOMPOSTIEREN AUF JAPANISCH ...

Wenn du ohne Einwände der Gewerkschaft der Kompostwürmer kompostieren, also völlig vegan einen nährstoffreichen Bodenverbesserer herstellen möchtest, ist Bokashi die Lösung. Es kommt aus Japan und bedeutet „fermentiertes Allerlei". Das System arbeitet nur mit Mikroben und die Würmer werden arbeitslos. Eingesetzt werden Milchsäurebakterien, Photosynthesebakterien, Hefen und andere nützliche Pilze, die man in dieser Hochleistungs-Mischung als Effektive Mikroorganismen (EM) bezeichnet. Die Abfälle werden also ähnlich wie Sauerkraut fermentiert und so riecht es auch. Die Gerüche sind nicht unangenehm und daher kann der Behälter auch in der Küche stehen, ohne aufdringlich zu werden. Der Bokashi-Eimer ist luftdicht und wird mit Küchenabfällen gefüllt, am besten kleingeschnitten. Der Clou ist, dass man sogar tierische Abfälle wie Fleisch- und Fischreste entsorgen könnte, wobei die Gefahr hier allerdings groß ist, dass das fertige Ferment im Garten Goldgräberstimmung bei Ratten, Mardern und Fliegen aufkommen lässt. Es ist im Gegensatz zur Wurmkiste nicht nötig, Pappe oder Papier hinzuzufügen, im Gegenteil, das würde den Prozess sogar behindern, denn das trockene Material lässt sich nicht gut und vor allem nicht schnell fermentieren.

Wurmkomposter können fast aussehen wie Wohnzimmermöbel.

... MIT EFFEKTIVEN MIKROORGANISMEN

Die Arbeit machen die Effektiven Mikroorganismen, die man auf die Abfälle sprüht oder als Flocken zugibt und gut untermischt. Der Behälter hat einen Ablaufhahn, aus dem man alle paar Tage Flüssigdünger abzapfen kann, was auch der Druckminderung dient. Schon nach zwei Wochen ist der Inhalt des Eimers fermentiert, der Umsatz erfolgt also viel schneller als im Komposthaufen. Am besten arbeitet man also mit zwei Systemen, weil eines schnell voll ist. Das entstandene Ferment ist sehr nährstoffreich und daher für die Pflanzen unverdünnt zu scharf. Man mischt es deshalb mit Erde und nutzt es so als Bodenverbesserer oder – wenn man einen Komposter hat – entschärft es über den Kompost. Starkzehrer wie Tomate oder Kartoffel lieben das Ferment unter die Erde gemischt, man braucht etwas 250 g pro Pflanze.

KOMPOST ZUM GIESSEN …

Da Kompostwürmer bakterielle Symbionten im Darm haben, die ihnen beim Abbau von Cellulose helfen, sind diese Mikroben auch noch in ihrem Kot vorhanden – es wäre ja auch nicht nett, wenn die Helfer einfach mit verdaut würden. Das kann man sich zunutze machen und diese nützlichen Bakterien gezielt vermehren. Dazu brauchst du Wurmhumus, was ein Euphemismus für Wurmkot ist. Alternativ kannst du auch fertigen Kompost nehmen. Daraus wird ein Komposttee angesetzt. Es gibt auch Teebeutel, die man in eine gefüllte Gießkanne hängt und über Nacht ziehen lässt, daraus soll sich eine düngende Wirkung ergeben. Doch da diese Methode in stillem Wasser angewendet wird, werden die nützlichen sauerstoffliebenden Bakterien nicht besonders gefördert. Echter Komposttee wird in belüftetem Wasser angesetzt, also in Regenwasser, das mit einer Aquarienpumpe zum Whirlpool für Mikroben wird. Das beruhigt mit angenehmem Hintergrundgeräusch. Bei der guten Luft im Wasser vermehren sich nur die guten, aeroben Bakterien aus dem Kompost, welche im Boden nützliche Dienste leisten und die Pflanzen vor Schaderregern schützen sollen. Im Komposttee kann die Mikrobenzahl das 500-Fache von dem erreichen, was im Kompost vorhanden ist.

… WIMMELT VOR WIMPERTIERCHEN

Das Ganze wird am besten bei Zimmertemperatur zubereitet. Den Wurmhumus gibt man in einen Beutel, den man in das Wasser hängt. Um die Bakterien hinauszulocken und zur Vermehrung anzuregen, gibt man süße Melasse und etwas Steinmehl dazu. Dadurch riecht das Gebräu wirklich angenehm nach Limonade, auch noch nach den 24 Stunden Brauzeit. Ich habe das Wasser untersucht und mir immer mal wieder eine Probe unter dem Mikroskop angeschaut. Es erschienen von Stunde zu Stunde mehr Wimpertierchen und auch einzelne winzige Fadenwürmer auf der Bildfläche. Da diese kleinen Lebewesen sich bevorzugt von Bakterien ernähren, passierte also tatsächlich etwas mit dem Wurmhumus-Extrakt. Am nächsten Tag habe ich mit dem fertigen Komposttee den Garten gegossen. Ich hatte ein etwas schlechtes Gewissen, weil ich die wehrlosen Wimpertierchen mit dem Bade ausgegossen habe. Hilft es denn wenigstens? Eine Wirkung wird man am ehesten bemerken, wenn der Gartenboden arm an nützlichen Mikroben ist, etwa nach dem Hausbau. Auf sehr belebten Böden wird man dagegen kaum einen Unterschied erkennen. Auch ist er kein Ersatz für richtigen, handfesten Kompost. Zur Wirkung von Komposttee besteht außerdem immer noch Forschungsbedarf.

Wie im Whirlpool: Hier entsteht Komposttee. Wichtig ist die Belüftung durch eine Aquarienpumpe.

Eine ideale Welt ist
KOMPOSTIERBAR!

JETZT WIRD'S WILD: DEN GARTEN TIER-FREUNDLICH GESTALTEN

Wildbienen lieben Wildkräuter und im Totholz ist es nie wie ausgestorben: Mit den richtigen Zutaten wird dein Garten zum Treffpunkt für Tiere. Du wirst sehen: Bald hast du dir den Goldlaufkäfer verdient!

LOKALMATADORE: HEIMISCHE PFLANZEN

Heimische Arten sind heimliche Helden. Und sie sehen auch gar nicht wild oder langweilig aus!

WAS HEISST HIER HEIMISCH?

Stell dir vor, du bist ein Zitronenfalterweibchen auf der Suche nach einer Kinderstube. Ein Faulbaum soll es sein, den du mit deinem feinen Näschen aufspüren musst. Hast du Straßen und Häuser umschifft, findest du endlich einen Garten. Ach, hier stinkt's, wieder nur Kirschlorbeer, es ist zum Davonflattern! Dann endlich ein Naturgarten mit einem Faulbaum, geschafft! Der Nachwuchs ist sicher – es geht nichts über heimische Pflanzen! Doch welche gehören eigentlich dazu? Für die Definition hat man sich einfach das Jahr der Entdeckung Amerikas, 1492, herausgepickt, denn ab dann kam ein ganzer Schwung neuer Pflanzen nach Europa. Diejenigen, die sich danach bei uns niederließen, haben Pech gehabt und zählen zu den Neophyten. Einwanderer vor dem Stichtag, die zum Beispiel mit den Eroberungszügen der Römer nach Germanien mitreisten, können sich glücklich schätzen, sie werden Archaeophyten genannt und sind über jeden Zweifel erhaben, wie Apfel, Birne und Klatschmohn.

Vögel sind konservativ und ziehen die orangefarbenen Früchte des heimischen Pfaffenhütchens denen des lila Liebesperlenstrauchs aus Asien vor.

HAUSMANNSKOST FÜR INSEKTEN

Insekten lieben heimische Pflanzen, sie sind wählerisch. Schmetterlinge und auch viele Wildbienenarten brauchen ihre angestammten Futterpflanzen, an die sie sich in mühsamer Kleinarbeit angepasst haben. Pflanzenarten aus benachbarten Florengebieten sind eine gute Ergänzung, denn dann besteht die Chance, dass die sechsbeinige Kundschaft – bedingt durch den Klimawandel – einfach hinterher reist. Zum Beispiel hat die gern in Steingärten gepflanzte Immergrüne Schleifenblume (*Iberis sempervirens*) aus südlichen Gefilden einen alten Bekannten aus der Heimat, den Karstweißling, wiedergetroffen, der sein Areal nach Norden erweitert hat. Für viele Tierarten, die schon da sind, muss es aber ihr gewohntes Futter sein. Mit vielen heimischen Pflanzen im Garten schafft man eine sichere Bank.

AUSGLEICHEND IM KLIMAWANDEL ...

Heimische Pflanzen sind keine öden Trauerklöße. Zum einen kennen sie sich mit frostigen Zeiten aus, aber vor allem mit den nassen Wintern, die viele mediterrane Pflanzen nicht gut vertragen. Der Klimawandel ist allerdings auch für unsere Flora neu und nicht immer ein Zuckerschlecken. Da ist man versucht, lieber Pflanzen aus anderen Ländern mit kontinentalem Klima wie Amerika oder Asien zu verwenden, die Sommerhitze besser wegstecken. Doch heimische Pflanzen haben einen Heimvorteil: Sie kennen sich mit dem Bodenpersonal in Form von Mykorrhiza-Pilzen und Mikroben bestens aus, die Zugereisten nicht. So bilden sie leichter Allianzen im Untergrund, was sie trockenheitsverträglicher macht. Da die Eiszeit in Nordamerika dazu geführt hat, dass die Regenwürmer ausstarben, haben sich die Pflanzen dort an eine starke Laubauflage angepasst und brauchen sie sogar. Als europäische Regenwürmer eingeschleppt wurden, litten die nordamerikanischen Pflanzen darunter – ständig war die begehrte Laubschicht aufgefuttert. Auch bei uns sind sie daher nicht gut Freund mit den Regenwürmern, wohingegen die heimischen Arten deren Arbeit sehr schätzen. So kann unsere Flora den Klimawandel besser ausgleichen.

Ob Wildbiene oder Falter: Weiden führen die Hitliste an. Tagpfauenauge und Kleiner Fuchs freuen sich über den ersten Nektar nach der Überwinterung.

... UND SCHÖN!

Besonders Sträucher sind mit ihrem tiefreichenden Wurzelsystem gut gegen Dürre gewappnet, allen voran Hunds-Rose, Weißdorn, Liguster, Kornelkirsche, Gewöhnliche Felsenbirne und Feld-Ahorn. Du musst dich also kaum um sie kümmern. Schön sind heimische Pflanzen aber auch. Kaum eine Staude blüht so lange wie der gelbe Gewöhnliche Hornklee und ernährt außerdem die Raupen des Gemeinen Bläulings. Auch Schafgarbe, Steinquendel und Skabiose sind Dauerbrenner für Biene und Schmetterling. Gehölze blühen zwar meist nur einmal, zieren später aber mit Früchten. Die wiederum locken Vögel an, denn auch sie haben ihre Lieblinge unter den heimischen Pflanzen.

NAHRUNGSKETTEN IM GARTEN

Die Insektenfresser unter den Vögeln lieben heimische Pflanzen, an denen sich viele Raupen tummeln. Haben wir es also geschafft, einige Falterarten zur Fortpflanzung zu bringen, ruft das gleich findige Vögel mit Argusaugen auf den Plan. Heimische Pflanzen haben auch eine ganze Menge auf sie spezialisierte Blattlausarten, sehr zur Freude von Blaumeise, Zaunkönig, Mönchsgrasmücke und Zilpzalp. Im giftfreien Garten mit vielen Pflanzen aus der Region wird es also nie langweilig und alle werden satt.

GRENZGÄNGER: PFLANZE EINE FAUNA-HECKE!

Sichtschutz im Garten muss sein. Das finden auch Singvögel, die gern gut versteckt in dichten Sträuchern brüten.

Bei einer Hecke für Tiere musst du dich in erster Linie für die Form und Größe entscheiden und punktest so bei der Fauna:

LEVEL 1

LASS SUMMEN MIT DER NIEDRIGEN HECKE! Wo es weniger auf Sichtschutz ankommt, sondern eher auf eine insektenfreundliche Abgrenzung zwischen zwei Parkplätzen oder ähnlichem, sind kleine Sträucher die erste Wahl. Man muss sie nicht schneiden, sie blühen zuverlässig, brauchen wenig Wasser und keinen Dünger. Gute Kandidaten sind Essig-Rose, Kopfginster, Seidelbast, Schwarzer Geißklee, Dornige Hauhechel und raffinierte, kleinbleibende Zuchtsorten von Großsträuchern wie Liguster 'Lodense' oder Feld-Ahorn 'Nanum'. Ist die Hecke auf beiden Seiten von Asphalt oder Pflasterflächen umgeben, kann man unbesorgt zu ausläufertreibenden kleinen Biestern greifen, die nicht jeder hat, wie die Zwerg-Mandel (*Prunus tenella*).

LEVEL 2

HOL GRÜNLINGE UND AMSEL ZUM BRÜTEN IN DEN GARTEN MIT DER FORMALEN HECKE! Hier eignen sich Liguster, Rot- und Hainbuche, Kornelkirsche, Feld-Ahorn und Weißdorn. Die Hecke wird streng kastenförmig geschnitten, was platzsparend ist in der Höhe wie in der Breite. Allerdings blüht sie dann weniger und Schmetterlinge finden nicht immer ihre Lieblingseiablageplätze, denn dafür sind ihnen die ungeschnittenen Triebspitzen am liebsten. Vögel dagegen haben viele Möglichkeiten zum Nestbau im dunklen Inneren.

LEVEL 3

LOCKE ROSENKÄFER UND OBSTBEGEISTERTE VÖGEL AN MIT DER KLEINEN WILDSTRÄUCHERHECKE! Die Sträucher dürfen sich hier entfalten, stehen aber nur einreihig. Die Arten für diese Hecke werden 1–2 m hoch, der Pflanzabstand liegt bei einem Meter. Die passenden Kandidaten sind Heckenkirsche, Johannisbeere, Gewöhnliche Felsenbirne, Rotblatt-Rose, Filz-Rose, Bibernell-Rose und Wolliger Schneeball.

LEVEL 4

PFLANZ BRUTPLATZ UND VOGELFUTTER FÜR ALLE MIT DER GROßEN WILDSTRÄUCHERHECKE! Für diese Gartengrenze Marke Dornröschen braucht man schon richtig viel Platz, aber die Tierwelt wird das große Kaliber lieben, Einbrecher dagegen weniger. Die Hecke pflanzt man zweireihig, sie wird also durchaus 2–3 m breit. Hier stehen dann auch die Riesen der Sträucher wie Holunder, Hunds-Rose, Büschel-Rose, Pfaffenhütchen, Kornelkirsche, Weißdorn, Wild-Apfel oder Wild-Birne.

Eine Hecke mit Spalierobst (im Bild links) braucht etwas Übung, ist bei richtiger Pflege aber die schmalste und leckerste Hecke, die es gibt.

Eine Hecke aus Rot- oder Hainbuche lässt sich schmal halten. Sie behält das trockene Laub im Winter, dadurch gibt es fast ganzjährig Sichtschutz.

#VOGELHECKE – WELCHES LEVEL SCHAFFST DU UND WELCHE TIERE KANNST DU ZUM BLEIBEN BEWEGEN?

LAUB, MULCH, NACKTER BODEN: BASICS FÜR BIENE UND CO.

Ob winziger Kugelspringer oder kunterbunte Kohlmeise: Es gibt unfehlbare Elemente, die den Garten lebendig machen. Hier kommt die Grundausstattung.

LOCKER BLEIBEN!

Während das Mulchen mit gröberen Holzstücken immer im Spannungsfeld Wildbiene versus Kellerassel steht, kann man mit Laub kaum etwas falsch machen. Eine zu hoch aufgetürmte Mulchschicht aus schweren Bestandteilen, womöglich noch knöcheltief aufgeschichteter Rindenmulch oder Holzhackschnitzel dubioser Herkunft, ist für erdbewohnende Wildbienenarten ein Kündigungsgrund. Dagegen kommen sie einfach nicht an – schichtet man das Material auf eine besiedelte Fläche, können sie nicht mehr schlüpfen. Asseln jedoch wären rundum zufrieden damit. Ein paar locker hingestreute Asthäcksel, die man selbst aus dem Gehölzschnitt hergestellt hat, stellen noch kein großes Hindernis für Wildbienen dar, halten aber die Feuchtigkeit im Boden. Pilzen bieten die Fragmente eine große Angriffsfläche, sodass sie schnell kurzen Prozess und Humus damit machen. Und wo Pilze sind, die die Holzstückchen angreifen, sind auch Destruenten nicht weit. Am unverfänglichsten für erdnistende Wildbienen ist aber eine Laubschicht. Sie fällt im Herbst an und ist dank der vielen Kleinstlebewesen am Boden bis zum Frühjahr so weit verfrühstückt, dass schlüpfende Sandbienen nicht zu Gewichthebern werden müssen.

Zu dick aufgetragen: So viel Rindenmulch ist das Armageddon für jede Sandbienenkolonie. Der Giersch kommt trotzdem durch, wenn auch wehleidig.

Ein Sandarium begrenzt von Steinen und Totholz bedient von der Holzbiene über die Eidechse bis hin zur Sandbiene eine große Kundschaft.

LUFTIGE KINDERSTUBE

Bis dahin haben Drosseln eine gute Zeit, indem sie die Laubdecke nach Würmern, Raupen und Asseln durchsuchen, die in den neuerdings meist milden Wintern aktiv bleiben. Unter den Insektenlarven sind es vor allem die dicken Raupen von Achateule, Breiflügeliger Bandeule und Hausmutter, die im Laub überwintern, aber auch die Larven von nützlichen Weichkäfern, Glühwürmchen, Schwebfliegen und die grauen Raupen von Staubeulen. Für Igel und andere Tiere kannst du auch eine Stelle für einen Laubhaufen reservieren, vor allem, wenn du viel Laub hast, das sich nur langsam zersetzt, wie Eiche, Buche oder Ahorn.

Säugetiere und Vögel sind froh, wenn immer irgendwo Laub für den Nestbau aufzutreiben ist.

MUT ZUR LÜCKE!

Der Großteil unserer Wildbienen wohnt nicht im Bienenhotel, sondern nistet im Erdreich in selbstgegrabenen Nistgängen. Sandbienen, Frühlings-Seidenbienen und Furchenbienen sind die häufigsten Bodenbewohner und leben manchmal in recht großen Kolonien. Vor allem die Weiden-Sandbiene fällt hier im Frühjahr auf. An ihren Nistplätzen ist immer was los – Wollschweber wollen ihre Eier in die Nester schmeißen, damit ihre Larven bei den Bienen schmarotzen können, die bunten Wespenbienen tun dasselbe, betreten aber die Nester sogar höchstpersönlich, und noch dazu versuchen die aufdringlichen Bienenmännchen, den viel beschäftigten Weibchen nachzustellen. Viele der bodenbrütenden Wildbienen brauchen gar nicht unbedingt eine kahle Sandfläche oder ein unbewachsenes Beet, obwohl sie damit sehr zufrieden wären. Den meisten reicht schon ein schütter und lückig bewachsener Rasen.

Nicht alle Sandbienen brauchen sonnigen Sand: *Andrena clarkella* nistet auch an lehmigen, moosbewachsenen Stellen wie hier am Waldrand.

Die Dürre der letzten Sommer kommt ihnen sehr entgegen, denn die Gräser litten darunter und es taten sich große Lücken auf. Das kann eine Chance für wilde Blumen und wilde Bienen sein – lässt man jetzt auch noch den Rasendünger weg, laufen die Gräser nicht mehr zur vollen Größe auf und die Fläche bleibt offen für grabende Insekten. Noch ein Vorteil: Das lästige Rasenmähen kannst du dann öfter mal schwänzen.

ARTEN WIE SAND AM MEER

Auch im Staudenbeet suchen sich Sandbienen ihre Nischen. Hier ist es wichtig, auf das Umgraben zu verzichten und das Beet möglichst ungestört zu lassen. Wenn du richtig in die Wildbienenförderung einsteigen möchtest, leg ein Sandarium an, also eine Sandfläche, die von Bewuchs möglichst freigehalten wird. Hier kannst du die besten Beobachtungen machen. Zum Anlegen einer mageren Staudenbepflanzung kannst du groben Sand auch in einem niedrigen Holzrahmen auf dem Rasen aufschütten und trockenheitsresistente Stauden pflanzen – oder du nimmst einfach den alten Sandkasten der Kinder dafür. Neuer Spielsand ist dagegen nicht geeignet, da er nach Art der Sanduhr schnell zusammenfällt und die Bienengänge immer wieder verschüttet würden. Die Regenwürmer werden zwar nicht begeistert sein von einem Sandarium, aber viele bodenbewohnende Insekten werden sich rasch einfinden. Den Liegestuhl kannst du gleich daneben stellen und es dir gemütlich machen – das Insektengebrumme kann durchaus einschläfernd wirken.

BIENENWOLF: IMMER AN DER WAND LANG

Die Bielefelder Bienenwölfe lieben es, ihre Nester in den sandigen Fugen an Hauswänden zu graben, erkennbar an unordentlichen Sandhaufen mit einer kleinen Rinne, die in den Nesteingang führt. Ich mache mich dann oft zum Affen, indem ich mich mit der Kamera an einer vielbefahrenen Straße auf den Boden hocke, um die Tiere dabei zu fotografieren, wie sie ihre Nester bauen oder Honigbienen für die Larven eintragen. Wenn mich darauf jemand anspricht, was ich denn da tue, erkläre ich gern das aufregende Leben dieser großen Grabwespen, die mittlerweile zu echten Kulturfolgern geworden sind und sicher von den vielen Bienenvölkern in den Innenstädten profitieren. Vielleicht kannst du die Nester und die gelb-schwarzen, recht großen Bienenwölfe auch an deinem Wohnhaus finden – und falls der Weg vor dem Haus erneuert werden muss, verlege die Steine in sandige Fugen.

NASCHEN ODER JAGEN?

Im Garten und auf dem Balkon kannst du die Wölfchen mit blühender Minze, Mannstreu, Goldrute und anderen offenen Blüten anlocken, an denen sich auch ihre Honigbienenbeute niederlässt. Hier haben die Wespen die Qual der Wahl zwischen Nektarnaschen und Beutemachen. Wenn sich eine Honigbiene nähert, kann man der Bienenwölfin das Jagdfieber richtig ansehen, sie bewegt den großen Kopf, um sie im Auge zu behalten, und fliegt dann los, um sich die anvisierte Blütenbesucherin zu schnappen. Hat sie es geschafft, leert sie erst einmal den Honigmagen der Biene, um Flugbenzin für den anstrengenden Schwertransport zum Nest zu tanken, immerhin wiegt die Biene ähnlich viel wie das Bienenwolfweibchen. Die passenden Stauden im Beet oder im Topf sind eine tolle Möglichkeit, die Tiere zu beobachten – im Garten sogar ohne zum Verkehrshindernis zu werden.

Zungenkuss: Das Bienenwolfweibchen hat eine Honigbiene gefangen und trinkt jetzt ihre Honigblase leer.

LEBENDIGES TOTHOLZ

Länger als Laub harrt Holz im Garten aus. **Natürlich ist es als Baum am besten aufgehoben, denn der speichert CO_2. Als Totholz aber fördert es die Artenvielfalt und wird später zu Humus, der auch CO_2 bindet.**

EINFACH STEHENLASSEN

Der Klimawandel bringt es mit sich, dass so mancher gestandene Baum die Sommerdürre nicht überlebt. Bevor man ihn zu Brennholz verarbeitet, das den Klimawandel weiter befeuert, lässt sich im Garten noch etwas aus ihm machen. Ist der Stamm nicht instabil, lass ihn einfach an Ort und Stelle stehen. Spechte werden ihn bearbeiten, vielleicht eine Höhle zimmern, die Nachmieter findet. Besonders Käferlarven von Bockkäfern und anderen lieben Totholz. Ein Grund, warum der Specht schnell zur Stelle ist. Dickere Stammteile und Äste sind auch am Boden noch Stammhalter für ganze Insektendynastien.

Totholz lässt sich auch wie ein Wigwam aufstellen.

BASTELN MIT BIRKE UND CO.

Brennholz macht dreimal warm: Beim Sägen, beim Holzhacken und im Ofen. Totholz macht vielleicht nur einmal warm, wenn du es zersägst, aber danach erwärmt es lange dein Herz, wenn du die vielen dankbaren Bewohner siehst. Es gibt viele Möglichkeiten, es den Tieren anzubieten.

Aus Baustahlmatten und Holz ist eine lockere Gabione entstanden – es geht natürlich auch viel kompakter für kleine Gärten.

Du kannst es einfach in den Garten legen, zum Beispiel als Beetumrandung. Oder du gräbst es als Käferkeller senkrecht mit dem unteren Ende ein und legst kleinere Äste und Holzhäcksel in die Zwischenräume. So wird es angreifbarer für Pilze und damit für mulmbewohnende Insekten. Und warum nicht eine Gabione einmal mit Holz statt mit Steinen befüllen? Das erhitzt sich im Sommer nicht so stark und die Insekten haben mehr davon. Du musst nur damit rechnen, dass Holzbienen oder Totholz-Blattschneiderbienen etwas irritiert um dich herumsummen, wenn du die Gabione als Sitzplatz nutzen möchtest.

Als Kräuterspirale dreht das Totholz durch: Hier haben Mohn und Schafgarbe die Gunst der Stunde genutzt.

KRÄUTERSPIRALE MAL ANDERS

Größere Stammstücke kannst du auch wie die Orgelpfeifen senkrecht im Kreis aufstellen und daraus eine Kräuterspirale machen. Das hält nicht so lange wie die steinerne Variante, aber sie ist leichter zu bauen, weil die dicken Holzstücke von selbst stehenbleiben und nicht mehrere Schichten übereinander gestapelt werden müssen. Die Kräuter für diese Spirale müssen ein wenig kältetoleranter sein als bei der Bauweise aus Stein, dafür kühlt sie an heißen Sommertagen aber auch.

HAUFEN UND HECKE

Kleineres Totholz leistet auch haufenweise einen guten Dienst. Ein einfacher Asthaufen in einer Gartenecke ist ein super Versteck für Igel, Wiesel und Amphibien. Überschüssiges Laub obendrauf als Wärmeisolierung hält es auch im Winter schön kuschelig und im Sommer feuchter als die Umgebung. Möchtest du es lieber ein bisschen ordentlicher aufgeschichtet, sind Flechtzäune eine Lösung, oder eine Nummer größer eine Benjeshecke. Für so einen massiven Zaun musst du zunächst starke Pfähle senkrecht in zwei Reihen in den Boden stampfen. Ob in einer geraden Linie oder im Rund bleibt dir überlassen. Die Pfähle werden versetzt zueinander eingeschlagen. Dann geht es ans Eingemachte: Die Zwischenräume werden mit möglichst langen Ästen gefüllt. Da man nicht so genau flechten muss, sondern einfach drauf wirft, kannst du hier auch dornige und belaubte Äste unterbringen. Für Vögel ist eine Benjeshecke ein prima Nistplatz, aber auch Pilze und Insekten leben hier.

Benjeshecke mit Add-on in Form einer Nisthilfe. Zusatznutzen: Die Brennnessel kann uns nicht in den Rücken fallen.

Markhaltige Stängel werden senkrecht angeboten – bald zieht vielleicht diese solitäre Wespe ein (*Passaloecus*), die zum Dank Blattläuse fängt.

FÜR DÜNNBRETTBOHRER

Die Besiedlung toter Pflanzensubstanz geht auch weniger massiv: In markhaltigen Stängeln oder abgeschnittenen Ästen von Brombeeren oder Rosen findet sich ebenfalls Leben ein. Du kannst sie entweder bündeln und senkrecht am Gartenzaun oder Bienenhotel aufhängen oder aber die ganz einfache blütenreiche Variante wählen: Die verblühten Stängel von Königskerzen oder Disteln sind ideal, denn sie sind schon von allein standhaft im Beet. Nachdem die Pflanze Samen gebildet hat, lässt man sie einfach stehen und kappt den Stängel unterhalb der Samenkapseln. Die Bewohner markhaltiger Stängel knabbern sich dann von oben ihr Nest hinein. Um das versehentliche Entfernen von Wildbienen oder solitären Wespen beim Abschneiden von Staudenresten im auf die Blüte folgenden Winter muss man sich übrigens keine Sorgen machen. Markbewohnende Arten, wie die Keulhornbienen oder die Dreizahn-Mauerbiene, die in den Stielen von Königskerze oder Disteln überwintern, tun dies erst im zweiten Jahr: Die Königskerze verblüht, wenn diese Insekten schon nicht mehr fliegen. Möchten wir ihnen also eine Brutstätte bieten, müssen wir die abgeblühte Pflanze auch den nächsten Sommer stehenlassen, damit die Tiere an das Mark gelangen. Wir haben den Königskerzenstängel also ganze zwei Sommer im Beet stehen, bis die nächste Generation Bienen, die sich in den Brutzellen im Pflanzenmark entwickelt hat, geschlüpft ist. Dann hat er seine Schuldigkeit auch getan und darf kompostiert werden.

RETTEN WIR
den Planeten, es ist der einzige mit
EICHHÖRNCHEN!

WIR HAUSEN IM HOLZ!

GOLDLAUFKÄFER

Carabus auratus

Großer, flotter Käfer, der tagsüber Schnecken, Regenwürmer und Insekten jagt. Er schreckt selbst vor großer Beute nicht zurück und gibt sich auch mit Aas zufrieden. Schon die Larven leben räuberisch. Das Goldstück überwintert unter Steinen oder Moos am Boden. Wenn er eine geräumige Höhle im Totholz unter Rinde findet, richtet er es sich auch dort gemütlich ein.

KAMELHALSFLIEGE

Phaeostigma

Ebenfalls Borkenkäfer frisst die Larve der Kamelhalsfliege, aber auch andere berüchtigte Forstschädlinge. Sie jagt unter Rinde und verpuppt sich auch dort, wenn das Holz weich genug für eine Puppenwiege ist. Die erwachsenen Tiere sind leicht an ihrem Kamelhals – dem ersten Brustsegment – zu erkennen und ähneln ansonsten der verwandten Florfliege.

TOTHOLZ-BLATTSCHNEIDERBIENE

Megachile willughbiella

Diese Wildbiene ist im Sommer häufig und fliegt auf die Blüten von Glockenblumen und Platterbsen. Die Männchen (Bild) erkennt man an ihren verbreiterten Vorderbeinen, die aussehen wie weiße Handschuhe. Damit halten sie den Weibchen bei der Paarung die Augen zu. Sie legen Nester in morschem Totholz an, nehmen aber auch gern schon vorgebohrte Löcher.

GROSSE HOLZBIENE

Xylocopa violacea

Dieser dicke Brummer ist der Biber unter den Wildbienen: Die Weibchen nagen die Nistgänge auch in sehr trockenes, nicht vermorschtes Holz. Man kann ihnen daher auch Stämme unter einem Unterstand oder auf dem Balkon anbieten. Die Holzbiene fliegt von Frühjahr bis Herbst und freut sich über einen immer blühenden Garten. Sie liebt Platterbsen und Muskateller-Salbei.

WALD-PELZBIENE

Anthophora furcata

Die Weibchen sind an ihrem rot behaarten Hinterleibsende zu erkennen, ansonsten ähneln sie einer kompakten Ackerhummel. Sie fliegen im Hochsommer, wenn der Wald-Ziest blüht, eine ihrer Lieblingspflanzen neben Betonie, Katzenminze und Woll-Ziest. Für die Anlage der Nistgänge braucht die Art morsches Holz. Man kann sie leicht im Garten fördern mit Ziest und Totholz.

GEFLECKTER SCHMALBOCK

Rutpela maculata

Mit seiner wespenähnlichen Warntracht versucht er hungrige Vögel zu täuschen, dabei kann er gar nicht stechen, nur zirpen. Der Käfer ist ein passabler Flieger und eifriger Blütenbesucher, seine Larven sind dagegen schon schwieriger zu entdecken. Sie leben in tiefen Gängen in Totholz, das gern schon von Pilzen besetzt sein darf. Er ist einer der häufigsten Bockkäfer.

ILLUSTRE INSEKTEN, IGEL UND CO. UNTERSTÜTZEN

Die einen sind prima Bestäuber, die anderen schön bunt, wieder andere leuchten im Dunklen: Von Wildbiene über Schmetterling bis hin zum Glühwürmchen, jeder bekommt sein eigenes Förderprogramm.

ALLER ANFANG IST LEICHT

Bestimmte Maßnahmen sind massentauglich, wie das Herbstlaub liegen zu lassen, einen Kompost einzurichten, eine Trockenmauer zu bauen, Totholz zu verwenden und die Stauden erst im Frühjahr zu schneiden. Allein dadurch schaffen wir Lebensräume für viele Tiere. Andere brauchen wiederum eine ganz gezielte Gartengestaltung.

WÄHLERISCHE WILDBIENEN

Manche Wildbienen wie die Hummeln, einige Mauerbienen oder Sandbienen wie *Andrena flavipes* sind schon höchst zufrieden, wenn während ihrer Flugzeit, die im Falle der Hummeln meist die ganze Saison dauert, immer etwas blüht. Sie hängen ihr Herz nicht an bestimmte Pflanzenfamilien und sammeln Pollen einmal quer durch den Garten. Andere wiederum sind hoch spezialisiert und müssen unbedingt ihre Lieblingspflanzen vorfinden. Je größer der Abstand zwischen einzelnen Pflanzen dabei ist, umso mehr muss das Bienenweibchen mit dem Pendeln zwischen Nest und Blüten verbringen. So kann sie viel weniger Brutzellen mit Pollen beliefern als ein Weibchen mit reichlich Futterpflanzen in Nestnähe. Außerdem ist das Nest in ihrer Abwesenheit für Parasiten offen wie ein Scheunentor. Wenn du also eine Spezialistin im Garten entdeckt hast, tust du der Population einen Riesengefallen, wenn du möglichst viele Futterpflanzen in den Garten integrierst.

Die Weiden-Sandbiene (*Andrena vaga*) braucht schütteren Rasen oder Sandflächen. Pollen sammelt sie nur an Weidenblüten.

Die Trockenmauer hat in diesem Garten eine tragende Rolle. Sie lockt Eidechsen, Wildbienen, Weinbergschnecken und viele mehr.

Mach mit bei der Aktion „Mähfreier Mai"! Einen Monat lang wird nicht gemäht zugunsten von Blüten im Rasen. Die Singdrossel freut's auch.

WELCHES BIENCHEN DARF ES SEIN?

In der folgenden Tabelle findest du einige der besten Pflanzen für Wildbienen. Du kannst vielleicht nicht alle unterbringen oder die Schnecken machen dir einen Strich durch die Rechnung. Möglicherweise hast du im Frühling gern ein Meer aus Einjährigem Silberblatt im Garten, dann schaut eventuell die Schöterich-Mauerbiene bei dir vorbei. Pflanze noch Lungenkraut dazu und schon hast du die Frühlings-Pelzbiene auch angelockt. Am meisten Erfolgserlebnisse im Hausgarten versprechen meiner Meinung nach Raublattgewächse, Glockenblumen, Lippenblütler und Schmetterlingsblütler. Die Korbblütler aus der Kategorie Cichorioideae kommen praktischerweise oft ganz von allein, zum Beispiel als Partycrasher im Blumenbeet, wie die Gänsedisteln, oder auch im Rasen, wie die Habichtskräuter. Wenn du ihn nicht mehr jede Woche mähst, sondern blühen lässt, hast du schon viel gewonnen.

Die Hitliste der Pflanzenfamilien für mehr oder weniger spezialisierte Wildbienen

Familie/Unterfamilie	Botanischer Name	Beispiele
Schmetterlingsblütler	Fabaceae	Hauhechel, Hornklee, Platterbse
Korbblütler, Unterfamilie	Carduoideae	Färberdistel, Flockenblume, Klette, Kornblume
Korbblütler, Unterfamilie	Cichorioideae	Gänsedistel, Habichtskräuter, Löwenzahn, Pippau Rainkohl, Wegwarte
Korbblütler, Unterfamilie	Asteroideae	Färber-Hundskamille, Kamille, Margerite, Schafgarbe
Kreuzblütler	Brassicaceae	Barbarakraut, Nachtviole, Raps, Schöterich, Silberblatt
Lippenblütler	Lamiaceae	Gundermann, Günsel, Herzgespann, Katzenminze, Salbei, Schwarznessel, Taubnessel, Ziest
Doldenblütler	Apiaceae	Kerbel, Möhre, Bärenklau, Mannstreu
Kardengewächse	Dipsacaceae	Skabiose, Teufelsabbiss, Witwenblume
Glockenblumengewächse	Campanulaceae	Jasione, Knäuel-Glockenblume, Pfirsichblättrige Glockenblume
Heidekrautgewächse	Ericaceae	Erika, Heidelbeere
Rosengewächse	Rosaceae	Fingerkraut, Schlehe, Weißdorn
Weiden	Salicaceae	Grau-Weide, Sal-Weide
Raublattgewächse	Boraginaceae	Lungenkraut, Natternkopf, Ochsenzunge

FUTTER FÜR FALTER

Und was ist mit Schmetterlingen? Sie fallen oft bei der Gartengestaltung hinten runter, vielleicht weil die Raupen sich nicht manierlich von Blütenpollen ernähren wie die Wildbienen, diese Blumenkinder, und eher mäßige Bestäuber sind. Angeknabberte Blätter an den Gartenpflanzen wollen wir eigentlich auch nicht sehen, oder? In Wahrheit aber gibt es nur wenige Arten, die so richtig lästig werden. Aurorafalter, Schwalbenschwanz, Bläulinge oder Karstweißling und die meisten Nachtfalter sind sehr sparsame Fresser, die kaum negativ auffallen. Wenn man sie machen lässt, wird man immerhin auch mit schönen Faltern belohnt. Wichtig für Schmetterlinge sind die passenden Blüten für die Erwachsenen, wie Nelken, Nachtkerze, Phlox oder Geißblatt, und die Raupenfutterpflanzen. Hier darf es gerne Hausmannskost sein, also eine Hecke aus heimischen Gehölzen und viele heimische Stauden. Da einige Nachtfalterraupen in der Laubstreu überwintern, bleibt die einfach liegen.

Aurorafalter legen Eier an Knoblauchsrauke oder Wiesen-Schaumkraut. Auch Einjähriges Silberblatt ist begehrt, wie die Männchen hier beweisen.

Der olivgrüne Zilpzalp huscht gut getarnt durch die Hecken und sucht Blattläuse, Raupen und andere Insekten. Er freut sich über einen giftfreien Garten.

RÄUBER UND BEUTE

Vögel profitieren sehr davon, wenn Schmetterlinge und Raupen im Garten zu finden sind. Die Insektenfresser unter ihnen suchen die Pflanzen akribisch ab nach Proteinen für den Nachwuchs und zur Selbstversorgung. Die Höhlenbrüter freuen sich zusätzlich über Nistkästen, andere wie Rotkehlchen oder Zaunkönig über eine wilde Ecke mit Efeu und Totholz. Für Schwalben und Mauersegler kannst du Nisthilfen an die Fassade hängen, genauso wie für Fledermäuse, die im Gegenzug lästige Mücken fangen. Insektengift sollte allen zuliebe im Garten nicht verwendet werden.

Schneckenhäuser sind wichtige Nistplätze für Wildbienen, daher sollte man sie hegen und pflegen. Diese Schnirkelschnecke hat sich verstiegen, den Kerzen-Knöterich mag sie gar nicht.

SCHNECKEN ALS SPIELVERDERBER

Du würdest gern eigenes Gemüse anbauen, Glockenblumen für die Bienen oder Silberblatt für den Aurorafalter pflanzen, aber die Nacktschnecken machen alles kurz und klein? Da kann man schon mal rot sehen und zum Schneckenkorn greifen. Ich habe auch erst so gedacht, als ständig alles weggefressen war. Doch das für andere Tiere unschädliche Eisen-III-Phosphat hatte nie den durchschlagenden Erfolg und war so teuer, dass man den Garten auch gleich hätte vergolden können. Außerdem vergiftet man so natürlich auch die netten Tigerschnegel, Weinberg- und Schnirkelschnecken. Ein weiterer Punkt: Ich habe Glühwürmchen! Das ist im Juni immer eine Freude, doch je mehr man ihre Schneckennahrung bekämpft, umso weniger werden satt. Und da diese Tiere mit dem Feuer im Hintern nicht so überaus mobil sind und sowieso schon arg unter der Sommerdürre leiden, sollte man sich eine bestehende Population warmhalten. Also verzichte ich auf Schneckenkorn und dezimiere die nervigen Nacktschnecken mit einer alten Schere. Das ist abscheulich und kostet Überwindung, aber so bleiben mir Glühwürmchen und Glockenblumen erhalten. Da Sämlinge besonders gern gefressen werden, hat es sich bewährt, sie so lange im Topf zu lassen, bis sie aus dem schmackhaften Alter heraus sind und sie erst dann ins Beet zu pflanzen. Schnecken verputzen gern stickstoffhaltige Pflanzen, halte die Zöglinge im Topf also besser in einem mageren Substrat.

Frösche finden Gartenteiche schnell. Leiser als Wasserfrösche sind allerdings die häufigeren Grasfrösche.

FÜR BADENIXEN UND FLIEGENDE EDELSTEINE

Bei der Tierwelt kannst du ordentlich punkten, indem du ihnen einen Gartenteich anlegst. Im urbanen Raum sind Amphibien und wasserbewohnende Insekten stark eingeschränkt und daher dankbare Abnehmer. Wasserkäfer, Libellen und Wasserläufer finden neue Teiche schnell, vor allem viele Libellenarten wie die großen Mosaikjungfern sind gute Flieger und entfernen sich zu unserem Glück weit von ihrem Geburtsgewässer, sodass sie unsere Wasserstelle rasch finden. Kleine Säugetiere brauchen flache Uferbereiche, falls sie in den Teich hineinfallen sollten. Igel sind zwar gute Schwimmer, haben aber keine Ausdauer und müssen schnell das rettende Ufer erreichen können. Selbst ein Kübelteich in einem halbierten Weinfass oder einer Zinkwanne hilft kleineren Arten sehr. In Miniteichen können sogar Molche auftauchen und laichen. Vögel nutzen die kleinste Wasserstelle zum Trinken und Baden. Kübelteiche kannst du mit versenkten und mit Wassergewächsen bepflanzten Blumentöpfen vogelsicher machen. Auf den Töpfen stehend können sie gefahrlos planschen. Falls du dich Hals über Kopf in die Kugelspringer verliebt hast: Auch auf Teichen kannst du agilen Knutschkugeln entdecken – der Weiße Wasserkugelspringer (*Sminthurides aquaticus*) lebt besonders gern auf Wasserlinsen und kann auf der Wasseroberfläche sogar Sprünge vollführen.

Die Eiablage der Kugelspringer findet auf den Pflanzen statt, die Balz ist eine große Show, für die man allerdings eine Lupe braucht.

PFLANZE(N) FÜR DICH UND DIE WELT!

Wenn das Leben dir einen Faulbaum gibt, mach Zitronenfalter daraus! Mit den passenden Beetrezepten und Pflanzen gefällt der Garten nicht nur dir, sondern auch Schmetterlingen, Bienen und bunten Vögeln.

EIN GEMEINSCHAFTSGARTEN DER ANDEREN ART

Es gibt Pflanzen, die stehen einfach nur da und sind grün, und dann gibt es diese großartigen Gewächse, die wir zusammen mit den Gartentieren nutzen können. So kommt Leben in die Bude und Essen auf den Teller.

NÜTZLICH UND NATURNAH

In diesem letzten großen Kapitel wird es ganz konkret. Hier findest du Pflanzenporträts und Beetpläne mit nützlichen Arten, die entweder bestimmte Tiere anlocken oder dir die eine oder andere Mahlzeit bescheren. Darunter gibt es sogar echte Multitalente, die essbar sind, aber auch von Tieren genutzt werden, wie das Schweizer Taschenmesser unter den Stauden, die Wilde Rauke. Sie wird von vielen Tiergruppen geliebt, aber macht auch auf dem Teller eine gute Figur. Da muss man sich manchmal entscheiden, ob man den Plan vom Rucolasalat zugunsten extrem hungriger Kohlweißlingsraupen aufgibt.

Win-win-Situation: Stachel- und Johannisbeeren für uns, den Pollen für die Rotpelzige Sandbiene (*Andrena fulva*), eine unverwechselbare Wildbiene.

Die vorgestellten Pflanzenarten sollten nach Möglichkeit echte Ausnahmegewächse sein, die viele Kriterien gleichzeitig erfüllen und im Garten fast schon überqualifiziert sind. Die Stellenausschreibung für die Kandidaten lautete in etwa so:

- Sie arbeiten selbstständig, sind also ausdauernd oder säen sich ohne fremde Hilfe aus, was sie für den No-Dig-Ansatz qualifiziert
- Belastbarkeit: Sie sind flexibel einsetzbar und stecken Hitze und Trockenheit gut weg.
- Gute Teamfähigkeit: Sie benötigen keine Wurzelsperre oder andere schwere Geschütze.
- Gepflegtes Äußeres: Sie sind vorzeigbar und sehen gut aus (alternativ sind sie gut in der Küche).
- Soziales Engagement: Auch für Tiere sind sie nützlich.

Natürlich sind die vorgestellten Pflanzen nur eine kleine Auswahl. Wenn du deinen Garten noch weiter für kulinarische Zwecke und gleichzeitig für eine hohe Biodiversität gestalten möchtest, dann kannst du das Angenehme mit dem Nützlichen verbinden, indem du einen essbaren Sichtschutz pflanzt.

OBSTGEHÖLZE ALS MULTIFUNKTIONS-WERKZEUG

Eine freiwachsende Hecke aus Johannis-, Stachel- und Jostabeere wächst dir nicht über den Kopf und schmeckt auch den Vögeln oder kleinen Säugetieren. Ihre Blüten ziehen eine unserer auffälligsten Sandbienen an, die leicht zu erkennende Rotpelzige Sandbiene (*Andrena fulva*). Weitere Heckenstars sind Maibeere (*Lonicera caerulea* var. *kamtschatica*), Kornelkirsche (*Cornus mas*), Gold-Johannisbeere (*Ribes aureum*) oder die Gewöhnliche Berberitze (*Berberis vulgaris*), deren Blüten bei Hornissen hoch im Kurs stehen. Soll es etwas wilder zugehen, aber trotzdem kulinarisch wertvoll sein – auch wenn man erst das Juckpulver entfernen muss – sind Wildrosen geeignet. Die Hagebutten sind bei Grünlingen ein begehrtes Winterfutter, ihre ungefüllten Blüten wie gemacht für Hummeln und Rosenkäfer. Keine Ausläufer treiben zum Beispiel die Rotblatt-Rose (*Rosa glauca*) oder veredelte Kartoffel-Rosen (*Rosa rugosa*). Auch Spalierobst ist ein guter Sichtschutz mit Doppelnutzen, aber wenn du dich nicht mit dem Schnitt beschäftigen möchtest, sind Säulenäpfel die bessere Wahl.

Berg-Lauch ist die *Allium*-Allzweckwaffe: Essbar, trockenheitsverträglich, ausdauernd und ein unfehlbarer Insektenmagnet, vor allem für Tagfalter.

BÜCKWARE IM BEET

Eine tolle Allzweckwaffe für die unterste Ebene im Beet sind Monats- oder Wald-Erdbeeren. Sie wurschteln sich so durch, beschatten den Boden und liefern etwas zum Naschen mit ganz besonderem Aroma. Essbare Stauden mit Mehrwert – für dich und für die Tiere – sind Sauer- und Blut-Ampfer, Meerrettich, Artischocke, Winterheckenzwiebel, Berg-Lauch und Ewiger Kohl, außerdem die Essbare Prärielilie (*Camassia quamash*).

PFLANZEN FÜR MICH

OREGANO

Origanum vulgare

Eigentlich heißt er mit vollem Namen Gewöhnlicher Dost, womit er aber sein Licht etwas unter den Küchenscheffel stellt. Er ist das Pizzagewürz schlechthin, kann aber auch im Salat, Couscous oder im Omelett auftauchen. Die Insekten im Garten halten kulinarisch ebenfalls sehr viel von der heimischen Staude. Schmetterlinge, Hummeln, Honig- und Furchenbienen lieben die Blüten. Der Garten-Bläuling legt sogar manchmal Eier an den Blütenstand. Ein echter Tummelplatz also mit Nutzen für uns. Und damit die Würze nie ausgeht, sät er sich auch bereitwillig selbst aus.

Steckbrief

» Höhe 20–70 cm » Breite 30–80 cm » mag Sonne, Halbschatten oder lichten Schatten » rosafarbene Blüten von Juli bis September » für trockene, magere Böden, anspruchslos

WILDE RAUKE

Diplotaxis tenuifolia

Sie hat viele profane Namen, zum Beispiel Stinkrauke oder Schmalblättriger Doppelsame, die ihr Unrecht tun, denn die leckere Staude ist ein Pionier der Pflasterfugen und Wegränder. Nennen wir sie also lieber Rucola, denn sie enthält scharfwürzige Senföle und ist prima als Salat oder auf Pizza. Legendär an diesem Wildfang ist die Dürretoleranz. Die robuste Rauke erscheint ungefragt, versamt sich selbst und ist wartungsarm. Sie blüht monatelang, mag jeden Boden, sogar Sand, und lockt Schmetterlinge und andere Insekten an. Kohlweißlingsraupen machen uns zwar die Blätter streitig, da sich die Rauke aber so reichlich vermehrt, ist immer genug für alle da.

Steckbrief

» Höhe 20–50 cm » Breite 20–30 cm » gelbe Blüten von Mai bis September » für Sonne bis Halbschatten » mag trockenen, durchlässigen Boden

RAULING

Trachystemon orientalis

Die Staude gilt noch als Geheimtipp, vor allem gegen Giersch. Der Rauling ist ein blühender Bodendecker für trockenen Schatten, der im April mit borretschähnlichen Blüten Hummeln, Mauerbienen und Frühlings-Pelzbienen anlockt. Danach erscheint das reibeisenartige Laub. Im Gegensatz zum verwandten Beinwell enthält er Antioxidantien, aber keine giftigen Pyrrolizidinalkaloide. Stiele und Blätter werden kleingeschnitten mit Ei gebraten. Zwei gleichgroße Blätter können auf der Unterseite mit Kräuterfrischkäse bestrichen, zusammengeklappt, paniert und angebraten werden – eine raffinierte, raue Vorspeise!

Steckbrief

» Höhe 20–40 cm » Bodendecker » blaue Blüten von März bis April » mag Halbschatten bis Schatten » für humosen Boden, verträgt Trockenheit » keine Gefahr durch Nacktschnecken

ROTE SPORNBLUME

Centranthus ruber

Auch die Spornblume ist eine Double-use-Pflanze, die unermüdlich blüht und Insekten anlockt. Vor allem Hummeln, Tagfalter und das immer gern gesehene Taubenschwänzchen besuchen die pinkfarbenen oder weißen Blüten. Die Staude gehört zu den Baldriangewächsen und sie beruhigt schon mit ihrer unglaublichen Trockenheitstoleranz die Nerven. Lecker ist sie aber auch, die jungen Triebe können wie Feldsalat – ein anderer Verwandter – roh gegessen werden oder gedünstet wie Spinat. In Frankreich wird die dicke Wurzel in Suppen verwendet.

Steckbrief

» Höhe 60–80 cm » Breite 40 cm » für Sonne und Halbschatten » rosarote Blüten von Juni bis September » mag trockene, magere, steinige Standorte » wird von Schnecken gemieden

GUTER HEINRICH

Blitum bonus-henricus

Ein Gemüse mit Vornamen? So gut hat es wohl nur der Gute Heinrich getroffen! Und gut ist er auch in der Küche, vor der Blüte können die pfeilförmigen Blätter wie Spinat oder im Salat verwendet werden. Er ist eine alte Heilpflanze. Die Staude ist heimisch und kann jahrelang an derselben Stelle im Beet bleiben – eine ideale No-Dig-Pflanze also. Sie ist leicht aus Samen zu ziehen. Früher war sie in Dörfern weit verbreitet, fand aber im Zuge der Sanierung irgendwann keine nährstoffreichen Nischen mehr. Man kann der mittlerweile gefährdeten Art also im Garten Gutes tun. Einigen Blattspannerarten dient sie außerdem als Raupenfutterpflanze.

Steckbrief

» Höhe 10–80 cm » Breite 20–30 cm » rosafarbene, essbare Blüten von April bis Oktober » für Sonne bis Halbschatten » mag einen nährstoffreichen Boden

KAUKASISCHER RANKSPINAT

Hablitzia tamnoides

Ein Gänsefußgewächs, das kein Hasenfuß ist und keinerlei Höhenangst kennt. Stürmisch erobert die frostharte Staude Rankgerüste und kann dabei sogar einen grünen Sichtschutz abgeben. Hübsch sind die herzförmigen Blätter, während die Blüten gewohnt unscheinbar sind, wie es in der weitläufigen Verwandtschaft von Mangold und Spinat so üblich ist. Die jungen Triebe können im Frühjahr wie Spargel geerntet, später die Blätter wie Spinat genutzt werden. Nach einer Eingewöhnungszeit kann man beherzt zugreifen, es wächst immer etwas nach.

Steckbrief

» Höhe 150–300 cm » Breite 30 cm » unscheinbare Blüten im Sommer » für Sonne bis Schatten » mag einen humosen Boden » verträgt Trockenheit » Vermehrung durch Teilung oder Aussaat

HIRSCHHORN-WEGERICH

Plantago coronopus

Er sieht aus, als könnte er sich nicht entscheiden, ob er ein Wegerich oder ein Löwenzahn sein möchte. Die Blattrosette besteht aus gezähnten, geweihförmigen Blättern. Sie kann man im Salat essen oder wie Spinat zubereiten. Junge Blätter schmecken dabei bitterer als ältere. Die Aussaat gelingt zwischen April und September leicht. Die wintergrünen Pflanzen können mehrfach beerntet werden. Die Art ist mehrjährig und versamt sich auch von selbst, ein dominanter Platzhirsch ist sie aber nicht, sondern braucht offenen Boden. Wild kommt er an der Küste vor und Streusalz sei Dank auch an Autobahnen.

Steckbrief

» Höhe 5–25 cm » Breite 10–20 cm » unscheinbare Blüten von Juni bis September » für Sonne bis Halbschatten mag einen durchlässigen, humosen Boden, verträgt Salz

WINTERPORTULAK

Claytonia perfoliata

Sein offizieller Name Gewöhnliches Tellerkraut sagt es schon: Die zweijährige Pflanze gehört auf den Teller! Dazu ist sie immer adrett und gepflegt mit spatelförmigen Blättern. Die weißen Blüten werden von einem suppentellerartigen Blattkragen umschlossen, aus denen der Blütenstiel immer weiter wächst, das sieht dann aus wie von einem anderen Stern. Die Samen werden verschossen und keimen ganz von selbst. Der Nordamerikaner ist ein tolles Unkraut, das den Salat bereichert und mit seinem frischen Grün den Appetit anregt. Die langen Stiele kurz blanchiert lassen sich Spaghetti zugeben.

Steckbrief

» Höhe 10–30 cm » Breite 10–20 cm » weiße Blüten von Februar bis Juni » für Sonne, Halbschatten und lichten Schatten » liebt einen nährstoffreichen, stickstoffreichen Boden

GOJI-BEERE, GEWÖHNLICHER BOCKSDORN

Lycium barbarum

Ein echter Stern am Nachtschattenhimmel – endlich mal eine Art, die winterhart ist und essbar! Der Strauch, der bei uns frech verwildert, lässt sich auch im Garten kultivieren. Seine Triebe wachsen bogenförmig und sind mit kleinen, graugrünen Blättern belaubt. Die lilafarbenen Blüten sind ebenfalls nicht von schlechten Eltern, der eigentliche Nutzen sind aber die vitaminreichen roten Beeren, die frisch gegessen werden oder getrocknet in Tees, Müsli oder Kuchen eingesetzt werden können. Der Bocksdorn ist trockenheitsverträglich und pflegeleicht, außerdem praktischerweise selbstfruchtbar.

Steckbrief

» Höhe und Breite 2–3 m » violette Blüten von Juni bis August » mag Sonne bis Halbschatten » für einen mageren, durchlässigen Boden » verträgt Sandböden und Salz

KUPFER-FELSENBIRNE

Amelanchier lamarckii

„Blaubeeren“ ohne sauren Boden, das geht mit Felsenbirnen. Allerdings muss man sich bei der Ernte etwas mehr anstrengen und sich strecken, denn der Strauch wird höher als eine Blaubeere. Dafür macht er natürlich auch mehr her, spendet Sichtschutz und Schatten und die weißen Frühlingsblüten werden umrahmt von kupferfarbenem Laub. Die blauen Beeren sind bei Vögeln beliebt und schmecken wie Heidelbeeren. Später gibt es noch eine schöne Herbstfärbung. Als Hochstamm kann die Pflanze auch ein Hausbaum sein. Wer heimisches Heidelbeeraroma möchte, greift zur Gewöhnlichen Felsenbirne (*A. ovalis*), sie bleibt kleiner.

Steckbrief

» Höhe 4–6 m » Breite 5–6 m » weiße Blüten von April bis Mai für Sonne bis Halbschatten » liebt einen trockenen bis frischen, nährstoffreichen Boden

KORALLEN-ÖLWEIDE

Elaeagnus umbellata

Wenn du vom Mittelmeer träumst und gern einen Olivenbaum hättest, nimm einfach die Ölweide. Ihr silbriges Laub ist ähnlich und auch die Früchte lassen sich wie Oliven sauer einlegen, oder aber zu Marmelade verarbeiten, wenn die Vögel sie nicht futtern. Dazu gibt es duftende Blüten, die Bienen anziehen. Der Großstrauch oder kleine Baum ist ein Muster an Trockenheitsverträglichkeit und hält auch große Hitze aus. Den Stickstoff holen sich Ölweiden mit Hilfe von Knöllchenbakterien aus der Luft, sie kommen also auch auf mageren Böden klar.

Steckbrief

» Höhe 3–4 m » Breite 2–3 m » hellgelbe, duftende Blüten im Mai » mag Sonne bis Halbschatten » für einen mageren, trockenen bis frischen, durchlässigen Boden, anspruchslos

SANDDORN

Hippophae rhamnoides

Die Zitrone des Nordens braucht zwei Dinge, um im Garten glücklich zu werden: Sonne und einen Partner fürs Leben, denn die Pflanze ist zweihäusig, es gibt männliche und weibliche. Der Gärtner braucht indes einen scharfen Spaten, um immer mal wieder ein paar Ausläufer abzustechen. Was den Platzbedarf angeht, ist es einfacher, ein selbstfruchtbares Weibchen zu pflanzen, wie die Sorte 'Friesdorfer Orange', die auch noch relativ wenige Ausläufer produziert. Dann steht der Ernte der sauren Beeren nichts im Wege, wenn die Vögel nicht auch auf den Geschmack kommen.

Steckbrief

» Höhe 3–6 m » Breite 2–3 m » unscheinbare Blüten von März bis April » braucht volle Sonne » anspruchslos an den Boden, wächst sogar auf Sand und Kies » verträgt Dürre » bildet Ausläufer

BÄRLAUCH

Allium ursinum

Schatten muss nicht schrecklich sein – mach ihn einfach zu deinem saisonalen Highlight mit Bärlauch! Er liebt eingewachsene Gärten, wo Laub herumliegt und sich Humus aufbauen konnte. Gefällt es ihm, sät er sich aus und wird immer mehr. Du kannst also bald mehrmals die Woche Bärlauchpesto, -suppe und andere bärenstarke Leckereien zubereiten. Das geht sogar werktags, denn das Knoblaucharoma ist nicht nachtragend und man kann sofort unter Leute gehen. Auch praktisch: Die heimische Staude zieht ein, bevor die Sommerdürre zuschlägt. Die weißen Blüten sind außerdem bei Insekten gefragt, wie Hummelschwebern, Schmetterlingen und Sandbienen.

Steckbrief

» Höhe 20–30 cm » Breite 20–30 cm » weiße Blüten von April bis Mai » für Halbschatten bis Schatten » mag einen humosen, kalkhaltigen Boden

ETAGENZWIEBEL

Allium cepa var. viviparum

Bei ihr gehen die Zwiebeln in die Luft. Zumindest, bis sie sich der Schwerkraft beugen und der Stängel sie nicht mehr tragen kann. Wenn man sie dann immer noch nicht erntet, wurzeln sie an Ort und Stelle an. So bewegt sich die Etagenzwiebel wie eine Spannerraupe mit der Geschwindigkeit einer Wanderdüne durchs Beet – eine echte Gemüsepersönlichkeit also. Die exzentrische Etagenzwiebel blüht nicht, sie produziert nur Brutzwiebeln, sogar auf mehreren Ebenen. Für einen guten Bruterfolg braucht sie Sonne und viel Freiraum um sich herum. Auch die Blätter sind schmackhaft wie Frühlingszwiebeln.

Steckbrief

» Höhe 20–40 cm » Breite 10 cm » keine Blüten, stattdessen Brutzwiebeln » für Sonne bis Halbschatten » braucht einen durchlässigen, nährstoffreichen Boden

FENCHEL

Foeniculum vulgare

Bei dieser zwei- oder mehrjährigen Pflanze hat man die Qual der Wahl, ob man es auf die Knolle oder die Blätter und Blüten abgesehen hat. Alles ist essbar und würzig. Die Raupen vom Schwalbenschwanz sind eher an den oberirdischen Teilen interessiert und schaden der Pflanze nicht. Wie eine wuschelige Wolke steht Bronzefenchel im Beet, eine zierende Sorte mit braunem Laub, die auch prima ins Stauden- oder Kiesbeet passt. Fenchel sät sich selbst aus, wenn er offenen Boden findet, und ist somit pflegeleicht. Schnecken mögen ihn zum Glück nicht.

Steckbrief

» Höhe 40–150 cm » Breite 20–40 cm » gelbe Blüten von Juli bis September » für Sonne bis Halbschatten » mag einen durchlässigen, nährstoffreichen Boden

SCHNITTKNOBLAUCH

Allium tuberosum

Knoblauch ziert sich bei mir gerne und ärgert mich mit nur einer Zwiebel pro Pflanze. Einfacher ist der Schnittknoblauch, denn bei ihm erntet man eher die Blätter, ohne sich mit den unterirdischen Teilen abmühen zu müssen. Er wächst also wie Schnittlauch, schmeckt aber wie Knoblauch, nur ähnlich wie beim Bärlauch ohne die sozialen Folgen nach dem Genuss. Er blüht im Spätsommer mit eleganten weißen Blüten, über die sich viele Insekten freuen. Vermehren kann man ihn durch Teilung oder Aussaat im zeitigen Frühjahr. Er ist winterhart und sehr robust.

Steckbrief

» Höhe 40–50 cm » Breite 10 cm » weiße Blüten von August bis September » für Sonne bis Halbschatten oder lichten Schatten » mag einen nährstoffreichen Boden ohne Staunässe

HELD DER ARBEIT: DER HOMEOFFICE-HORTUS

Ist das Meeting wieder öde oder die Augen müssen mal was anderes sehen als den Bildschirm? Dann ist es gut, wenn man beim Anblick des winterlichen Gartens nicht beide Augen zudrücken muss, sondern ruhig einen zweiten Blick riskieren kann.

Wenn man den Garten den ganzen Tag im Homeoffice sehen kann, entgeht einem gar nichts. Man sieht, wie sich die Ringeltaube (im Bild oben) fast am hastig heruntergewürgten Zierapfel verschluckt oder der elegante Sperber hoch dramatisch eine Spatzenmahlzeit erbeutet. So viel Action muss gut geplant sein, aber dann haben alle was davon – die Hauptdarsteller genauso wie die Zuschauer. Mach deinen Garten zum Erlebnisort!

VOGELFUTTER AM LAUFENDEN METER

Früchte zur Selbstbedienung für die Vögel sind für uns ganz bequem. Wildrosen sind ideal, vor allem Hunds-Rose, Büschel-Rose, Kartoffel-Rose und die Rotblatt-Rose. Ihre Früchte hängen oft den ganzen Winter an den Ästen und ziehen Grünlinge, immer öfter bei uns überwinternde Mönchsgrasmücken, Amseln und Rotkehlchen an. Die Sumpfmeise zupft lieber die Beeren vom Wald-Geißblatt ab – übrigens eine Pflanze, die auch zum Feierabend im Sommer punktet, wenn die Blüten umwerfend duften. Ligusterbeeren oder die Früchte vom Gewöhnlichen Schneeball halten ebenfalls lange und werden von verschiedenen Vogelarten gefuttert. Später kommt der Efeu mit seinen schwarzen Früchten hinzu. Der Schneeball zieht nicht nur Gimpel, sondern auch Seidenschwänze an – die so eine Sensation sind, dass so manches Meeting im Homeoffice nebensächlich wird.

SAMENSTÄNDE MIT FROST UND FREMDEN FEDERN

Die bunten Distelfinken sind ebenfalls so ein Highlight – wenn sie ganz oben auf den Samenständen von Wilder Karde, Echtem Alant, Nachtkerze, Kornblume, Flockenblume, Disteln oder Klette thronen und die Samen herauspulen. Schreitet der Winter voran sind auch Erlenzeisige dabei. Der Echte Alant kann sogar noch mehr: Seine großen Blätter falten sich in der Mitte zusammen und sind der ideale Überwinterungsort für Florfliegen, Marienkäfer, Raupen und Wanzenarten. Hier schauen daher die Meisen gern nach dem Rechten. Wenn sie mehr an fetthaltigen Knabbereien interessiert sind, holen die Sumpfmeisen die nahrhaften Samen aus den Samenkapseln vom Russel-Brandkraut, dem Hohlzahn oder der Mariendistel.

Wenn der Frost den Garten mit Raureif überzieht, schaut man auch ohne tierische Gäste gern aus dem Fenster. Liegt dein Garten oder dein Balkon so, dass er das flache Winterlicht einfangen kann, ist das spektakulär. Schneide daher am besten die alten Samenstände der verblühten Stauden und der Ein- und Zweijährigen erst im Frühjahr zurück. Eventuell daran haftende Schmetterlingspuppen wie die vom Aurorafalter oder Schwalbenschwanz haben dann eine Chance, sich zum Falter zu entwickeln – und das Homeoffice macht auch im Sommer gleich viel mehr Spaß!

Fette Henne schön wie nie mit Frost im Spätwinter.

#GÄRTNERNFÜRTIERE – SCHAFFST DU ES, DASS MÖGLICHST VIELE TIERE DEINEN ARBEITSALLTAG VERSÜSSEN?

PFLANZEN FÜR WILDBIENEN

GEWÖHNLICHER ANDORN

Marrubium vulgare

Die Blüten sind klein, dafür sind die wollig behaarten Kuschel-Blätter umso auffälliger. Damit weist der Andorn schon auf seine Trockenheitsverträglichkeit hin. Honigbienen, Hummeln, die Garten-Wollbiene, Kegelbienen und die Wald-Pelzbiene freuen sich über die lange Blütezeit der mittlerweile heimischen Staude, die vor langer Zeit aus dem Mittelmeerraum kam. Die Aussaat geht leicht von der Hand, Triebstecklinge lassen sich besonders im Frühsommer auch einfach ziehen. Der Andorn muss nur sonnig stehen, sonst ist er nicht mehr standfest. Er ist eine alte Heilpflanze.

Steckbrief

» Höhe 40–60 cm » Breite 40–50 cm » weiße Blüten von Juni bis August » für Sonne bis Halbschatten » bevorzugt einen trockenen, mageren Boden

ECHTE BETONIE

Betonica officinalis

Das Biest am Ziest – das kann man gut an der Betonie, auch Heil-Ziest genannt, beobachten. Gemeint sind die Männchen der Großen Wollbiene, die hier den Weibchen nachstellen und die Futterpflanze gegen Hummeln und andere Nahrungskonkurrenten verteidigen. Auch Schmetterlinge besuchen die Blüten gern. Die kleine, heimische Staude braucht Sonne und viel Freiraum, denn sie hat keine Durchsetzungskraft. Ansonsten ist sie anspruchslos und gänzlich frei von Schneckenattacken. Sie wächst auch im Balkonkasten und Kübel und ist leicht aus Samen zu ziehen. Die attraktiven Samenstände können über den Winter stehenbleiben.

Steckbrief

» Höhe 40–60 cm » Breite 30–40 cm » rosa Blüten von Juni bis August » für Sonne bis Halbschatten » mag einen trockenen bis frischen Boden

PUNKTIERTER GILBWEIDERICH

Lysimachia punctata

Er ist ein robuster Rowdy, der ein ganzes Beet mit Ausläufern erobern kann, aber für die Schenkelbienen (*Macropis*) ist er überlebenswichtig. Sie sammeln statt Nektar Öl an den Blüten zusammen mit dem Pollen, diese fette Mischung dient als Larvenfutter. Die Sammelbürsten an den Hinterbeinen sind so designt, dass die Ladung verlustfrei abgestreift werden kann. Die Staude ist damit zusammen mit dem heimischen Gewöhnlichen Gilbweiderich eine der wenigen Ölblumen. Beide Arten sind für Schenkelbienen geeignet, der Punktierte ist aber trockenheitsverträglicher und etwas üppiger in der Blüte.

Steckbrief

» Höhe 60–80 cm » Breite 30–40 cm » treibt Ausläufer » gelbe Blüten von Juni bis August » für Sonne bis Halbschatten » liebt einen frischen, nährstoffreichen Boden

PFIRSICHBLÄTTRIGE GLOCKENBLUME

Campanula persicifolia

Viele Wildbienen wie die Glockenblumen-Scherenbiene und die Glockenblumen-Sägehornbiene sind auf Glockenblumen angewiesen, es ist daher nie verkehrt, den Garten gut mit dieser Pflanzenfamilie auszustatten. Wenn du aber eine Schneckenplage im Garten hast, dann ist diese Art genau die richtige. Sie ist immergrün und macht sich an sonnigen Plätzen durch kurze Ausläufer immer breiter – die Bienen freut's. Vielleicht kannst du dann abends auch in den Blüten schlafende Bienchen finden.

Steckbrief

» Höhe 60–100 cm » verbreitet sich über kurze Ausläufer » blaue oder weiße Blüten von Juni bis Juli » für Sonne bis Halbschatten » liebt einen nährstoffreichen, frischen oder trockenen Boden

ORANGEROTES HABICHTSKRAUT

Hieracium aurantiacum

Die Bestimmung von Habichtskräutern kann auch gestandenen Botanikern die Schweißperlen auf die Stirn treiben, aber dieses gibt sich durch seine Blütenfarbe leicht zu erkennen. Es treibt Ausläufer, die auch keine Nacktschnecke aufhalten kann, aber das kannst du zu deinem Vorteil nutzen, denn die heimische, hitzefeste Staude kann Dächer begrünen oder im Blumenrasen wuchern. Sie erobert auch Töpfe mit ihren Flugsamen. Wildbienen wie die Löcherbiene oder *Osmia leaiana* lieben die Korbblüten, die schon als Knospe zauberhaft aussehen. Auch Schwebfliegen und Schmetterlinge sind hier zu finden.

Steckbrief

» Höhe 20–30 cm » treibt Ausläufer » orangefarbene Blüten von Juni bis Juli » für Sonne bis Halbschatten oder lichten Schatten » liebt einen durchlässigen, mageren Boden

ECHTES HERZGESPANN

Leonurus cardiaca

Herzkino im Garten, das geht mit dieser heimischen, hochwachsenden Staude. Die spannendsten Wildbienen wie die Garten-Wollbiene, die Reviere bildet und verteidigt, bieten hier allerbeste Unterhaltung auf Augenhöhe. Auch Hummeln und die Wald-Pelzbiene besuchen die rosafarbenen Blüten, die oft bis zum Frost erscheinen. Vögel futtern die Samen. Die Pflanze treibt keine Ausläufer, sät sich aber gern selbst aus. Kleine Sämlinge kann man noch gut umpflanzen, wegen der späteren Größe am besten in den Beethintergrund. In manchen Jahren sind Nacktschnecken bei Jungpflanzen ein Problem.

Steckbrief

» Höhe 30–100 cm » Breite 40–50 cm » rosa Blüten von Juni bis September » für Sonne bis Halbschatten » mag einen durchlässigen, stickstoffreichen Boden » anspruchslos

PURPUR-LEINKRAUT

Linaria purpurea

Soll es lieber ein zart rosafarbenes Blütenwunder sein oder eines in kräftigem Lila? Beim Purpur-Leinkraut hat man die Auswahl. Die Wildform ist dunkel, die Sorte 'Canon J. Went' rosa. Beide sind kurzlebig, werfen aber nur so mit Samen um sich, die überall keimen und wachsen, wo es sonnig genug ist. Drängelnde Nachbarstauden mag das Leinkraut lieber nicht. Hummeln, die Garten-Wollbiene und die Kleine Harzbiene freuen sich über die lange Blütezeit der schlanken Staude. Am Laub fressen die Raupen der Möndcheneule, sie werden aber auch oft von Raupenfliegen parasitiert.

Steckbrief

» Höhe 60–100 cm » Breite 20–30 cm » purpurfarbene oder rosa Blüten von Juli bis Oktober » für Sonne bis Halbschatten » liebt einen durchlässigen, mageren, trockenen Boden » sät sich selbst aus

ECHTES LUNGENKRAUT

Pulmonaria officinalis

Schnappatmung bekam ich beim heimischen Echten Lungenkraut noch nie, wohl aber bei anderen Arten wie *P. saccharata*, das mir die Nacktschnecken ruiniert haben. Die Staude mit den weißgetupften Blättern ist immer dekorativ, aber wenn die Blüten mit dem Chamäleon-Effekt erscheinen und ihre Farbe im Verblühen von rosa nach blau wandeln, um Bestäubern anzuzeigen, dass es nichts mehr zu holen gibt, macht es noch mehr Spaß. Lungenkraut blüht als eine der ersten Frühlingsblumen im Schatten unter Gehölzen und lockt Hummeln und die Frühlings-Pelzbiene zuverlässig an.

Steckbrief

» Höhe 10–40 cm » Breite 20–30 cm » purpurfarbene, später blaue Blüten von März bis Mai » für Halbschatten bis Schatten » mag einen nicht zu trockenen, humosen Boden

GEWÖHNLICHER NATTERNKOPF

Echium vulgare

Die einzelne Blüte sieht zwar immer aus, als würde sie den Bestäubern die Zunge rausstrecken, aber trotzdem ist der heimische Natternkopf die erste Adresse bei Insekten. Auch bei Dürre wächst er über sich hinaus und belebt Sandböden und Ruderalstandorte. Monatelang erscheinen immer neue Blüten, auf die sogar eine Wildbiene spezialisiert ist, nämlich die Natternkopf-Mauerbiene. Ansonsten finden sich Hummeln und Tagfalter ein sowie viele weitere Wildbienen. Die pflegeleichte Pflanze braucht nur freie Stellen im Beet für die Aussaat, da sie kurzlebig ist.

Steckbrief

» Höhe 30–100 cm » Breite 30–40 cm » von rosa nach blau wechselnde Blüten von Mai bis Oktober » von Sonne bis Halbschatten » für magere, trockene Böden » zwei- bis mehrjährig » sät sich selbst aus

BREITBLÄTTRIGE PLATTERBSE

Lathyrus latifolius

Die auch Staudenwicke genannte Pflanze schmeißt sich an alles ran, was nicht wegläuft, und braucht eine stabile Rankhilfe, da sie kräftig wächst und dann viel Windlast produziert. Meterhoch kann sie klettern und geht auch gern in die Breite. So haben Holzbienen, Hummeln, Zitronenfalter und Platterbsen-Mörtelbienen Blüten am laufenden Meter. Die Pflanze kannst du aus Samen ziehen, sie sät sich auch selbst aus, indem die Hülsen die reifen Samen weit weg katapultieren. Sie müssen aber einen offenen, sonnigen Flecken Erde treffen, um groß zu werden.

Steckbrief

» Höhe 100–250 cm » Breite 50–100 cm » pinkfarbene Blüten von Juni bis zum Herbst » für Sonne oder Halbschatten » mag einen mageren oder nährstoffreichen Boden » sehr trockenheitsverträglich » sät sich selbst aus

GELBER WAU, GELBE RESEDE

Reseda lutea

Sie ist zwar nur eine alte Ruderalpflanze mit zweijährigem Lebenswandel und muss sich daher immer wieder selbst aussäen, aber sie kommt sicher locker unter die Top Ten der Wildbienenpflanzen. Zehn Arten kann man hier finden, zum Beispiel die Reseden-Maskenbiene als Spezialistin (im Bild: die Spalten-Wollbiene). Drei weitere Maskenbienenarten wie die Gewöhnliche kommen dazu, sowie Sand- und Mauerbienen. Auch andere Insekten lieben die Resede, wie Stolper- und Schwefelkäfer. Farblich hält sich die heimische Pflanze mit ihrem Pastellgelb sehr zurück ohne knallig zu sein.

Steckbrief

» Höhe 20–50 cm hoch » Breite 20–40 cm » hellgelbe Blüten von Mai bis September » für Sonne bis Halbschatten » liebt einen mageren oder nährstoffreichen, eher trockenen, durchlässigen Boden » sät sich selbst aus

WALD-ZIEST

Stachys sylvatica

Wenn du schon ein Eckchen mit Totholz eingerichtet hast, ist der Wald-Ziest ein Muss! Gar nicht zickig erobert er mit Ausläufern und Samen die schattigen Gartenbereiche und blüht ewig mit lila Blüten. Er zieht die totholzliebende Wald-Pelzbiene an sowie Hummeln und die Garten-Wollbiene. Die Samen werden von Vögeln geknabbert und von den farbenprächtigen Schillerwanzen ausgelutscht, die wie etwas flache Discokugeln an der heimischen Staude sitzen. Und essbar ist die Pflanze auch noch: Die Blätter schmecken wie rohe Champignons, sind aber ein bisschen haarig, kitzeln also den Gaumen zweifach.

Steckbrief

» Höhe 30–80 cm » Breite 20–30 cm » treibt Ausläufer » violette Blüten von Juni bis August » für Sonne bis Schatten » mag einen nährstoffreichen, humosen Boden » verträgt Trockenheit

EIN BEET FÜR DIE FRÜHLINGS-PELZBIENE

Sie ist eine der ersten Wildbienen der Saison. **Pummelig, pelzig und wie ein kleiner Elefant mit ihrem elendlangen Rüssel schwebt sie vor ihren Lieblingsblüten, die wir ihr mit diesem Beet vor die Mundwerkzeuge setzen.**

Die Frühlings-Pelzbiene (*Anthophora plumipes*) verbreitet gern hummelartige Hektik im Garten, sitzt kaum mal still und wuselt von einer Blüte zur nächsten. Die sie einen unverhältnismäßig langen Rüssel für so ein kugelig-kompaktes Wesen hat, liebt sie Blüten mit einer langen Kronröhre, wie Lerchensporn oder Lungenkraut, die sonst nur langrüsselige Hummelköniginnen oder Schmetterlinge bedienen können. Die Weibchen sind braun oder schwarz, das Männchen (im Bild oben an der Purpurroten Taubnessel) ist immer hellbraun mit einem gelben Gesicht und langen Haarfransen an den Vorderbeinen. Falls der Herr einmal stillsitzt, sind diese Merkmale sehr auffällig.

DER LEBENSWANDEL

Diese Wildbiene fliegt in einer Generation von März bis Anfang Juni, die Männchen sind etwas eher auf den Flügeln und fliegen immer dieselben Runden auf der Suche nach Weibchen und Futterpflanzen. Frühlings-Pelzbienen übernachten manchmal im Bienenhotel, nisten aber in lehmiger Erde, in natürlichen Steilwänden oder auch einer künstlichen Lehmwand, wo sie ihre Nistgänge graben.

Die Pflanzen für ein halbschattiges bis schattiges, nährstoffreiches Beet

Deutscher Name	Botanischer Name	Blütezeit	Menge
Kaukasus-Beinwell	*Symphytum grandiflorum*	IV–V	2
Blut-Johannisbeere	*Ribes sanguineum*	IV	1
Gefingerter Lerchensporn	*Corydalis solida*	III–IV	4
Gewöhnliches Lungenkraut	*Pulmonaria officinalis*	III–V	2
Rauling	*Trachystemon orientalis*	IV–V	1
Hohe Schlüsselblume	*Primula elatior*	III–IV	4
Gefleckte Taubnessel	*Lamium maculatum*	V–VI	1
Zwergstern-Tulpe	*Tulipa tarda*	IV–V	10

Die schöne Blut-Johannisbeere kannst du im Frühjahr leicht aus Stecklingen vermehren. Der Beinwell und der Rauling breiten sich durch kurze Ausläufer immer weiter aus (du kannst sie deswegen vielleicht als Ableger bekommen). Sie verdrängen als Gegenleistung aber auch Giersch sehr gut. Wenn es zu viel wird, musst du sie etwas durch Abstechen bremsen. Ansonsten ist das Beet pflegeleicht.

Der lange Rüssel der Pelzbiene reicht sogar für die Blüten vom Lerchensporn. Erdhummeln beißen dagegen ein Loch hinein, da ihr Rüssel zu kurz ist.

EIN BEET FÜR DIE GARTEN-WOLLBIENE

Die Männchen dieser Wildbiene sind echte Krawallbrüder. Entweder sie spielen Schürzenjäger und jagen die Damen, oder sie verteidigen wie ein Gentleman rabiat das Revier.

Zu den Garten-Wollbienen (*Anthidium manicatum*) muss man sich Popcorn mitnehmen und sich an einem schönen Sommermorgen mal vor die Futterpflanzen setzen – beste Unterhaltung ist garantiert. Die Männchen tragen am Hinterleibsende Dornen, mit denen sie andere Blütenbesucher attackieren, nachdem sie sie in den Schwitzkasten genommen haben. Das können andere Wollbienendrohnen, aber auch unbeteiligte Hummeln oder Honigbienen sein, die sich erdreisten, dieselben Blüten besuchen zu wollen. Die Dornen der Drohnen zerschlitzen den Kontrahenten manchmal die Flügel, meistens passiert aber nichts. Für die Weibchen der Wollbienen bleibt durch den kämpferischen Einsatz der Männchen (im Bild oben) natürlich mehr Pollen und Nektar übrig, dafür müssen sie aber ständige Paarungsversuche über sich ergehen lassen.

DER LEBENSWANDEL

Die Tiere fliegen von Juli bis August. Sie sind auffällig gelbschwarz gezeichnet, das Männchen ist um einiges größer als das Weibchen, welches eine Bauchbürste trägt, mit der es den Pollen ins Nest bringt. Sie besiedeln schon vorhandene Hohlräume wie alte Pelzbienen-Nester und oberirdische Nischen. Die Brutzellen baut das Weibchen aus Pflanzenhaaren, die sie von Pflanzen, zum Beispiel dem Woll-Ziest, abschabt und als Knäuel ins Nest trägt.

Die Pflanzen für ein sonniges, mageres Beet

Deutscher Name	Botanischer Name	Blütezeit	Menge
Echte Betonie, Heil-Ziest	*Betonica officinalis*, syn. *Stachys officinalis*	VI–VIII	2
Echtes Herzgespann	*Leonurus cardiaca*	VI–IX	1
Gewöhnlicher Hornklee	*Lotus corniculatus*	V–IX	2
Purpur-Leinkraut	*Linaria purpurea*	VII–X	2
Schwarznessel	*Ballota nigra*	V–VI	2
Woll-Ziest	*Stachys byzanthina*	VII–VIII	2

Hier dreht sich alles um das hochwachsende Herzgespann, das im Beethintergrund steht. Der Hornklee fördert den Gemeinen Bläuling und die Spalten-Wollbiene gleich mit – setze bei genügend Platz noch die Gelbe Resede für sie mit dazu. Das Leinkraut ist kurzlebig und sät sich immer wieder aus.

Ein Weibchen an der Echten Betonie.

PFLANZEN FÜR SCHMETTERLINGE

GEWÖHNLICHER EFEU

Hedera helix

Ob Bodendecker, Fassadenkletterer oder brave Beetpflanze: Efeu kann alles. Das geht, weil er zwei Arten Triebe bildet, erst die kletternde, später die blütentragende ohne Haftwurzeln. Aus dieser wird Strauch-Efeu gezogen, der aufrecht bleibt, ohne sich irgendwo dran zu kleben. Für die Tierwelt ist Efeu prima: Vögel fressen die Früchte, die Efeu-Seidenbiene braucht die Blüten und der Garten-Bläuling legt Eier an die Blütenknospen. Ihnen allen ist also mit einem Strauch-Efeu schon geholfen, zum Brüten und fürs Mikroklima ist eine berankte Fassade natürlich besser.

Steckbrief

» Höhe 2–20 m » Breite je nach Platzangebot » unscheinbare Blüte von September bis Oktober » für Sonne, Halbschatten oder Schatten » liebt einen kalk- und nährstoffreichen humosen Boden » immergrün

NICKENDE DISTEL

Carduus nutans

Disteln im Garten sind nicht nur wegen der wehrhaften Blätter mit Vorsicht zu genießen. Wuchernde Arten wie die Acker-Kratzdistel haben den Ruf der Sippe auch gründlich ruiniert. Die Nickende Distel ist zweijährig und kann daher schon von Hause aus nicht lästig werden. Sie braucht offenen Boden für die Selbstaussaat, zum Beispiel im Schotterrasen. Der Distelfalter legt Eier am Laub, die Blüten locken Schmetterlinge und Bienen wie die Gelbbindige Furchenbiene und Hummeln. Stieglitze holen sich im Winter gern die Samen aus den alten Blütenständen.

Steckbrief

» Höhe 30–100 cm » Breite 30–40 cm » purpurrote Blüten von Juli bis September » für Sonne bis Halbschatten » mag einen mageren, trockenen, durchlässigen Boden » trockenheitsverträglich » zweijährige, heimische Pflanze

GEWÖHNLICHER HORNKLEE

Lotus corniculatus

Diese kleine Staude mit dem sonnigen Gemüt möchte unbedingt einen Platz an der Sonne, gern im Kiesbeet, in der Blumenwiese, im Schotterrasen, Balkonkasten oder in der Dachbegrünung. Die gelben Blüten erscheinen monatelang und locken über 50 Wildbienenarten wie die Spalten- und Garten-Wollbiene und viele Falter an. Der Gemeine und der Kurzschwänzige Bläuling legen Eier an der Pflanze ab. Es gibt noch viele weitere Schmetterlinge, die als Raupe am Hornklee fressen. Er ist trockenheitsverträglich und macht sich seinen Stickstoff mit Hilfe von Knöllchenbakterien einfach selbst.

Steckbrief

» Höhe 10–40 cm » Breite 30 cm » gelbe oder orangefarbene Blüten von Mai bis September » für Sonne bis Halbschatten mag einen kalkhaltige, trockenen, mageren Boden » heimische Staude

GEWÖHNLICHE KNOBLAUCHSRAUKE

Alliaria petiolata

Die kulinarisch wertvolle Knoblauchsrauke erscheint oft ungefragt im Garten und mogelt sich an schattige, nährstoffreiche Gartenstellen. Dem Aurorafalter fallen die weißen Blüten dort sofort auf und er legt rasch Eier an den Blütenstand. Auch der Grünaderweißling nutzt die Pflanze für seine Raupen. Wird es zu viel und sind keine Larven an der Knoblauchsrauke zu finden, kannst du sie in allen Teilen in der Küche nutzen.

Steckbrief

» Höhe 30–100 cm » Breite 30–50 cm » weiße Blüten von April bis Mai, oft eine schwache Nachblüte » für Sonne, Halbschatten oder Schatten » mag nährstoffreiche Gartenböden » zweijährig, selten kurzlebige Staude

GEWÖHNLICHE MARIENDISTEL

Silybum marianum

Zu viele Mariendisteln mit ihren stachligen Blättern machen zwar das Tragen von Flipflops im Garten etwas gefährlich, aber andererseits können es als Lockangebot für Distelfalter, deren Raupen daran fressen, gar nicht genug sein. Immerhin ist das weiß gefleckte Laub so piksig wie dekorativ. Die Blüten sind bei vielen Wildbienen und Schmetterlingen beliebt, die dicken Samen holen sich später die Sumpfmeisen und Stieglitze. Was übrig bleibt sorgt für neue Jungpflanzen. Das ist besser als eine zu lange Topfkultur, die die Pflanze frostempfindlich macht.

Steckbrief

» Höhe 150–200 cm » Breite 50 cm » lila Blüten von Juni bis August » weiß marmorierte, stachelige Blätter » für Sonne bis Halbschatten » liebt einen durchlässigen, trockenen Boden » zweijährig, sät sich selbst aus

WILDE MÖHRE

Daucus carota subsp. carota

An der Wilden Möhre geht es immer wild zu. Sie ist der Treffpunkt schlechthin für Insekten, ob Käfer, Wildbiene, Schwebfliege oder mancher Tagfalter. Krabbenspinnen wissen das auch und lauern hier gern auf Beute. Der Schwalbenschwanz legt am ehesten Eier an die Pflanze, wenn sie freien Boden um sich herum hat. Das kann im Kiesbeet sein oder im Falle der Speisemöhre auch ein Hochbeet oder ein Gemüsebeet mit Reihenkultur. Die Raupen und später die Puppen sind gut zu finden. Die zweijährige Pflanze sät sich aus, sofern sie offene Bodenstellen findet.

Steckbrief

» Höhe 30–120 cm » Breite 30 cm » weiße oder rosafarbene Doldenblüten von Juni bis Oktober » für Sonne oder Halbschatten » mag einen durchlässigen, nährstoffreichen oder mageren Boden » verträgt Dürre » sät sich aus

WEINRAUTE

Ruta graveolens

Ihr Duft ist nicht von dieser Welt, das findet auch der Schwalbenschwanz, obwohl er sonst eher ein Fan von Doldenblütlern ist. Hier macht er gern eine Ausnahme und legt Eier ab. Der kleine Halbstrauch, der eine alte Gewürz- und Heilpflanze ist, wächst immergrün und ist daher auch im Winter ein Hingucker im Garten. Falls Puppen vom Schwalbenschwanz an der Pflanze überwintern, haben sie hier den Jackpot gewonnen, denn die Weinraute darf einfach wachsen und muss nicht geschnitten werden. Im Winter hat die Pflanze es gern etwas frostgeschützt, zum Beispiel an einer warmen Mauer.

Steckbrief

» Höhe 40–100 cm » Breite 50 cm
» gelbe Blüten von Juni bis Juli
» für einen steinigen, trockenen Boden
» für Sonne bis Halbschatten

IMMERGRÜNE SCHLEIFENBLUME

Iberis sempervirens

Sie ist zwar ein Steingarten- und Trockenmauerklassiker, aber sie ist erst vor Kurzem zum Star am Schmetterlingshimmel aufgestiegen, als der reisefreudige Karstweißling sich von ganz allein aus dem Mittelmeerraum nach Norden aufgemacht hat. Sicher haben ihn auch die Schleifenblumen in den Gärten geleitet, denn er legt Eier an der Pflanze ab. Die weißen Blüten sind als Nektarquelle auch bei anderen Faltern gefragt. Die Schleifenblume möchte sonnig und ohne Staunässe gepflanzt werden, dann erfreut sie mit ihrer frühen Blüte. So klappt es auch mit dem flatternden Neubürger.

Steckbrief

» Höhe 25–30 cm » Breite 15–40 cm » weiße Blüten von April bis Mai » für Sonne oder Halbschatten » braucht einen durchlässigen, mageren, kalkreichen Boden
» immergrün

EIN BEET FÜR DIE WEISSLINGE: DAS GROSSE FRESSEN

*Von A(urora-) bis Z(itronenfalter): **Dieser Beetplan für Sonne bis Halbschatten dient der Nachwuchsförderung von Weißlingsarten, die noch recht häufig sind, aber Unterstützung brauchen können.***

Die mit diesem Beet geförderten Arten kommen gern in den Garten. Erst locken wir sie mit Blüten, und mit den passenden Raupenfutterpflanzen verleiten wir sie sogar zu Eiablage, so wie diesen Grünaderweißling (im Bild oben) an der Immergrünen Ochsenzunge (*Pentaglottis sempervirens*).

AURORAFALTER

Dieser kleine Frühlingsfalter fliegt von April bis Mai. Die Männchen fallen durch orangefarbene Flecken auf der Oberseite auf. Beide Geschlechter sind durch grün-marmorierte Unterflügel gekennzeichnet. Die Tiere sitzen gern auf den Blüten der Raupenfutterpflanzen und legen dort Eier ab, die sich bis zum Sommer dort entwickeln und auch oft an der Pflanze verpuppen.

ZITRONENFALTER

Er fliegt schon ab März und besucht dann Primeln und andere Frühblüher im Garten. Die Eier werden an die Knospen vom Faulbaum abgelegt, wo die Raupen bis Juni fressen und sich dort verpuppen. Die neue Generation Falter schlüpft im Sommer und überwintert.

KARSTWEISSLING

Er ist der Neue. Aus dem Mittelmeerraum ist er zu uns eingewandert und nutzt Schleifenblume, Rucola und andere Kreuzblütler zur Eiablage. Die Raupen sind vom Kleinen Kohlweißling an ihrem anfangs schwarzen Kopf zu unterscheiden. Sie fressen allein und richten wenig Schaden an.

GRÜNADERWEISSLING

Er futtert an einer Vielzahl von Kreuzblütlern und fällt durch dunkle Adern auf der Flügelunterseite auf.

KLEINER UND GROSSER KOHLWEISSLING

Sie können unangenehm werden und in mehreren gefräßig Generationen Kohlpflanzen bis zur Unkenntlichkeit zurichten. Andererseits macht es auch einfach Spaß, die Raupen zu beobachten. Man kann sie zur Not auf Kapuzinerkresse oder Spinnenblume umsiedeln.

Die Pflanzen (R = Raupenfutterpflanze, N = Nektarpflanze)

Deutscher Name	Botanischer Name	Nutzen	Arten	Menge
Faulbaum	*Frangula alnus*	R	Zitronenfalter	1
Knoblauchsrauke	*Alliaria petiolata*	R, N	Grünaderweißling, Aurorafalter	3
Gefingerter Lerchensporn	*Corydalis solida*	N	Zitronenfalter	5
Meerkohl	*Crambe maritima*	R	Großer und Kleiner Kohlweißling	2
Karthäuser-Nelke	*Dianthus carthusianorum*	N	Alle bis auf den Aurorafalter	2
Kissen-Primel	*Primula vulgaris*	N	Zitronenfalter	3
Immergrüne Schleifenblume	*Iberis sempervirens*	R, N	Karstweißling	2
Seidelbast	*Daphne mezereum*	N	Zitronenfalter	1
Einjähriges Silberblatt	*Lunaria annua*	R, N	Grünaderweißling, Aurorafalter	3
Zwiebel-Zahnwurz	*Cardamine bulbifera*	R, N	Aurorafalter	10 Zwiebeln

Knoblauchsrauke siedelt sich oft von selbst an und kann ansonsten gesät werden. Auch das Einjährige Silberblatt wird über Samen ins Beet gebracht oder du pflanzt Sämlinge, die du vielleicht aus einem anderen Garten bekommst. Die Samenstände dieser Pflanzen werden erst dann geschnitten, wenn der Aurorafalter im nächsten Frühjahr wieder fliegt. Du kannst noch Schneeglöckchen, Blausternchen und Krokusse hinzufügen. Vom Faulbaum gibt es auch kleinbleibende Sorten wie 'Minaret'.

Raupen vom Großen Kohlweißling an Kapuzinerkresse.

EIN BEET FÜR DEN GARTEN-BLÄULING

Der Garten-Bläuling (Celastrina argiolus) hieß früher Faulbaum-Bläuling. Der neue Name ist treffender, da er sich einmal quer durch den Garten frisst. Hier zeige ich dir, wie du das schaffst.

Dieser auf der Unterseite schlüpferfarben-hellblaue Winzling mit kleinen schwarzen Punkten zeigt sich selten von oben, was schade ist, denn auf der Oberseite ist er leuchtend blau und man kann sogar Männchen und Weibchen unterscheiden, denn die holde Weiblichkeit hat einen breiten dunkelblauen Flügelrand. Dummerweise zeigt sich der Falter gerne ganz weit oben, denn er liebt es, in den Baumkronen auf die Suche nach Honigtau zu gehen. Manchmal lässt er sich aber dazu herab, den Gartenblumen einen Besuch abzustatten. Und wenn er schon mal da ist, legt er vielleicht auch kleine golfballähnliche Eier. Das Weibchen bevorzugt dabei Blütenknospen, denn die breiten, flachen Raupen sind Gourmets, futtern die Blüten und die jungen, zarten Früchte, werden dabei aber nicht lästig. Sie sind oft ähnlich gefärbt wie die Blütenblätter – Tarnung ist alles.

DER LEBENSWANDEL

Die Art fliegt in zwei Generationen von April bis September. Dabei stehen im Frühling und Spätsommer verschiedene Futterpflanzen auf der Speisekarte, denn das Blütenangebot ändert sich ja auch ständig, da darf man sich nicht festlegen.
Die erste Generation liebt Faulbaum, Roten Hartriegel, Ilex und Kreuzdorn, die zweite nutzt Efeu, Blut-Weiderich, Luzerne, Heidekraut und Steinklee.
Garten-Bläulinge überraschen dabei immer wieder mit ihrer Kreativität, indem sie Eier an neue, bisher unbekannte Futterpflanzen legen. Ich konnte schon die Nutzung von Oregano-Knospen (im Bild links) beobachten. Die Art überwintert als Puppe.

Die Pflanzen

Deutscher Name	Botanischer Name	Einsatz	Menge
Blasenstrauch	*Colutea arborescens*	Hecke	1
Strauch-Efeu	*Hedera helix*	Hecke	1
Faulbaum	*Frangula alnus*	Hecke	1
Gewöhnlicher Dost, Oregano	*Origanum vulgaris*	Staudenbeet	2
Roter Hartriegel	*Cornus sanguinea*	Hecke	1
Heidekraut	*Erica tetralix*	Staudenbeet	3
Stechpalme	*Ilex aquifolium*	Hecke	1
Weißer Steinklee	*Melilotus alba*	Staudenbeet	2
Blut-Weiderich	*Lythrum salicaria*	Staudenbeet	2

Das Beet ist zur Sonne hin ausgerichtet mit der Hecke im Hintergrund. Die Heckenpflanzen sollten frei wachsen dürfen oder werden ausgelichtet, indem die ältesten Äste an der Basis abgeschnitten werden. Ein Hausmeisterschnitt würde zu viele Blüten entfernen.

Ein Garten-Bläuling trinkt Nektar auf dem Rainfarn.

EIN BEET FÜR DEN SCHWALBENSCHWANZ

Er ist die Prominenz unter den Tagfaltern. **Obwohl er an Gemüsepflanzen wie Möhre und Fenchel futtert, kommt er damit durch, weil er so schön ist und so wenig gefräßig.**

In den 70ern und 80ern war der Schwalbenschwanz (*Papilio machaon*) stark gefährdet. Weil sich dann der Gifteinsatz – auch im Garten – reduziert hat, sieht man ihn wieder häufiger. Der große Schmetterling ist eindeutig ein Fan von Biogärten und ungedüngten Blumenwiesen! Da das Weibchen besonders gern Eier an solche Pflanzen legt, die etwas freien, sonnenbeschienen Boden um sich herum haben, und auch bei kleinen Möhrenpflänzchen ihr Potenzial erkennt, kann man die Art sogar im Gemüsegarten oder im Hochbeet fördern. In Kies- oder Steingärten lässt sich der Falter auch nicht lange bitten. Schwalbenschwänze können formvollendet segeln und legen weite Strecken zurück – so können wir ihnen auch im kleinsten Garten Trittsteine bieten. Die erwachsenen Tiere lieben die Blüten von Agastache (im Bild oben), Nelken, Lavendel, Flockenblumen oder Disteln.

DER LEBENSWANDEL

Die Art fliegt in zwei bis drei Generationen, die erste nach der Überwinterung als Puppe von April bis Juni, die zweite im Juli und August, manchmal gibt es eine dritte im September. Die jungen Räupchen sehen aus wie Vogelkot, eine perfekte Tarnung, denn sie müssen sich noch Sorgen machen, gefressen zu werden. Später sind die Raupen grün mit schwarzen und roten Flecken, was sie auffällig macht. Sie sind sich ihrer Sache also sehr sicher. Bei Bedrohung können sie eine orangefarbene Nackengabel ausstülpen, die Duftstoffe verströmt. So kommt der kleine Stinker ungeschoren davon.

Die Pflanzen für ein sonniges, eher mageres Beet

Deutscher Name	Botanischer Name	Blütezeit	Menge
Felsen-Augenwurz	*Athamanta turbith*	VI–II	1
Bärwurz	*Meum athamanticum*	V–VI	1
Blaunessel	*Agastache rugosa*	VI–IX	2
Diptam	*Dictamnus albus*	VI–VII	1
Fenchel	*Foeniculum vulgare*	VII–X	2
Wilde Möhre	*Daucus carota* subsp. *carota*	VI–X	4
Karthäuser-Nelke	*Dianthus carthusianorum*	VI–IX	2
Weinraute	*Ruta graveolens*	VI–IX	2

Bei diesem Beet werden der Schwalbenschwanzdame die Augen bzw. die Riechorgane übergehen, sie wird sich gar nicht entscheiden können. Die Verpuppung erfolgt gern an den Futterpflanzen, weshalb man sie im Herbst nicht abschneiden sollte. Oft laufen die Raupen aber auch weite Strecken, um sich zu verpuppen. Im Winter sind sie mit ihrer grünen Farbe noch am ehesten zu finden.
Die Möhre darf sich immer wieder aussäen. Zu den genannten Pflanzen passen Krokusse und Wildtulpen. Nelke und Blaunessel dienen nur als Nektarpflanzen.

Verpuppungsreife Raupe an Fenchel.

PFLANZEN FÜR VÖGEL

WALD-GEISSBLATT

Lonicera periclymenum

Diese heimische Kletterpflanze kann man eigentlich keiner speziellen Tiergruppe zuordnen, weil die Blüten sowohl Gartenhummeln als auch Nachtfalter wie das immer gern gesehene Taubenschwänzchen anziehen. Auch für Raupen ist die Pflanze interessant. Richtig turbulent wird es aber, wenn die Beeren erscheinen, denn dann ist die Sumpfmeise sofort da, um sie sich pflücken. Sie sieht dann oft aus, als hätte sie eine rote Clownnase. Auch Amsel, Rotkehlchen, Mönchsgrasmücke und Gimpel lieben die Früchte, zerrupfen sie aber nicht wie die Sumpfmeise, die nur die Samen fressen will.

Steckbrief

» Höhe 2–6 m » Breite 2–2,5 m » gelb-rosafarbene duftende Blüten von Juni bis Oktober » rote, giftige Beeren » für Sonne oder Halbschatten » mag einen nährstoffreichen, frischen Boden

DUFT-HECKENKIRSCHE

Lonicera × purpusii

Wenn die Amseln im Mai ganz verstohlen und über uns schimpfend in einem Strauch unterwegs sind und dubiose Früchte verspeisen, kann es nur die Duft-Heckenkirsche sein. Sollte es ein trockener Frühsommer sein und die Vögel keine Würmer finden, kommt das schnabelgerechte Obst gerade recht. Der Strauch selbst ist trockenheitsverträglich. Er blüht vom Winter bis ins Frühjahr und versorgt auch Hummeln und Honigbienen, die bei zu mildem Winterwetter zu früh aufgewacht sind. Später kommen Holz- und Mauerbienen dazu. Die Pflanze ist selbst im Sommer leicht aus Stecklingen zu ziehen.

Steckbrief

» Höhe 200–250 cm » Breite 100–200 cm » cremeweiße, duftende Blüten von Dezember bis April » für Sonne bis Halbschatten » mag einen nährstoffreichen, humosen Boden, anspruchslos

GEWÖHNLICHER HOHLZAHN

Galeopsis tetrahit

Wenn man im Spätsommer im Wald unterwegs ist und die aufgeregten Rufe der Sumpfmeisen hört, ist der Hohlzahn oft nicht weit. Die Samen gehören zu den Leibspeisen von Weiden- und Sumpfmeise und sie sammeln sie auch im Garten, wenn das Kraut dort von selbst aufgetaucht ist. Die Vögel legen sich sogar Vorräte an. Im Garten verhält sich die einjährige Pflanze anspruchslos und sät sich aus, man kann sie aber nicht als Unkraut bezeichnen, denn so wild treibt sie es nicht. Die Blüten werden von Hummeln bestäubt. Noch schöner ist der Bunte Hohlzahn (*G. speciosa*) mit dreifarbigen Blüten.

Steckbrief

» Höhe 20–60 cm » Breite 20–30 cm » weiße oder rötliche Blüten von Juni bis Oktober » für Sonne bis Schatten » mag einen stickstoffreichen, humosen Boden » einjährig, sät sich aus

SCHWARZER HOLUNDER

Sambucus nigra

Holunderbeeren sind ein begehrter Reiseproviant für Zugvögel, die im Spätherbst in den Süden aufbrechen, zum Beispiel die Mönchsgrasmücke. Zusammen mit den Daheimgebliebenen, wie Amseln, Ringeltauben und Rotkehlchen, futtern sie einen Strauch schnell leer. Die Blüten riechen ein bisschen gewöhnungsbedürftig, ziehen aber so manchen Käfer an, und zwar weniger Mist-, sondern eher Rosen- und Pinselkäfer. Holunder ist im Frühjahr auch ein wahrer Läusemagnet, was wiederum Proteinliebhaber wie Blaumeise und Zilpzalp freut. Ein rund herum beliebter Strauch also, nicht nur für uns.

Steckbrief

» Höhe 3–5 m » Breite 3–5 m » weiße Blüten von Mai bis Juni » schwarze Beeren ab August, gekocht essbar » für Sonne bis Halbschatten » mag einen nährstoffreichen, frischen Boden

WILDE KARDE

Dipsacus fullonum

Der Wappenvogel der Karde ist der Stieglitz, der sich im Winter auf die stachligen Eierköpfe der Samenstände stürzt und mit seinem feinen Schnabel Samen herauspickt. Zur Blütezeit lockt die zweijährige heimische Pflanze vor allem Hummeln und Tagfalter an. Die stachligen Blütenstände zeigen eine exzentrische Verhaltensweise: Erst blüht ein Ring in der Mitte auf, der sich dann quasi nach oben und unten teilt und in beide Richtungen als zwei Ringe aus Einzelblüten verläuft, bis alle verblüht sind. Die Karde sät sich im Spätwinter aus und blüht im nächsten Jahr.

Steckbrief

» Höhe 150–200 cm » Breite 80–100 cm » rosafarbene Blüten von Juli bis August » für Sonne oder Halbschatten » mag einen nährstoffreichen, frischen Boden » trockenheitsresistent » zweijährig » sät sich aus

GEWÖHNLICHES PFAFFENHÜTCHEN

Euonymus europaeus

Alle Euonymus-Arten, die Früchte bilden, sind die erklärten Lieblinge der Rotkehlchen. Geschickt hopsen sie durch den Strauch und pflücken die orangefarbenen Samenpakete, die beim heimischen Pfaffenhütchen an rot leuchtenden Kapseln baumeln und um Aufmerksamkeit buhlen. Auch Stare und Mönchsgrasmücken futtern mit, während die Amseln auch nicht abgeneigt sind, sich aber etwas ungeschickter im dünnen Astwerk anstellen. Die Blüte ist nicht spektakulär, doch immerhin gibt es bei genug Sonne eine prächtige Herbstfärbung. Der Strauch erscheint gern von selbst im Garten, weil die Vögel ihn säen.

Steckbrief

» Höhe 2–5 m » Breite 2–3 m » unscheinbare weiße Blüten von Mai bis Juni » für Sonne oder Halbschatten » mag einen nährstoffreichen, frischen, kalkreichen Boden

VIELBLÜTIGE ROSE

Rosa multiflora

Die erbsengroßen Hagebüttchen dieser asiatischen Wildrose sind bei Vögeln so beliebt, dass sie den ein oder anderen schon mal auf dumme Ideen bringen. In einem Winter haben ein paar waghalsige Mönchsgrasmücken sich fast nur davon ernährt, anstatt wie üblich in den Süden zu fliegen. Die Früchte halten monatelang und locken auch Amseln, Grünlinge, Rotkehlchen und Gimpel. Die weißen Blüten wachsen in Büscheln und sind ein Fest für Hummeln, Sand- und Honigbienen sowie Rosen-, Pinsel- und Gartenlaubkäfer. Der Strauch braucht in kleinen Gärten aber die Schere, er wird recht ausladend.

Steckbrief

» Höhe und Breite 2–3 m » weiße Blüten von Juni bis Juli » kleine rote Hagebutten » für Sonne bis Halbschatten » mag einen nährstoffreichen Boden ohne Staunässe » trockenheitsresistent

ZIERAPFEL

Malus in Sorten

Zieräpfel sind die pflanzengewordene Qual der Wahl. Es gibt so viele Sorten, dass man garantiert für jedes Platzangebot den richtigen findet, von strauchförmig klein bis zum ausladenden Kleinbaum. Doch nicht nur die Größe macht die Entscheidung schwierig: Es gibt auch bei den Früchten Unterschiede in Farbe, Geschmack und Haltbarkeit. Am besten in der Baumschule verkosten, denn es gibt sehr leckere Sorten für Marmelade, wie ‘Butterball’. Amseln und andere Vögel nehmen aber auch die schnell zu braunem Mus werdenden Äpfel vom ‘Golden Hornet’. ‘Red Sentinel’ behält die rote Farbe fast den ganzen Winter hindurch.

Steckbrief

» Höhe und Breite sortenabhängig » weiße oder rosafarbene Blüten von April bis Mai » für Sonne oder Halbschatten » mag einen nährstoffreichen, humosen Boden

DAS GEPFLANZTE MEISEN-MENU

Meisen gehören zu den häufigsten Gartenvögeln. Ihnen ist gemeinsam, dass sie gerne Vogelfutter kredenzt bekommen, auch ganzjährig, aber in ihren Pflanzenvorlieben sind es doch echte Persönlichkeiten.

Die größte unserer Meisenbande ist die gelb-schwarze **KOHLMEISE**. Sie ist die frechste von allen, tritt an der Futterstelle forsch auf und wurde sogar schon beim Lügen erwischt: Wenn sie trotz ihrem zur Schau gestellten Selbstbewusstsein nicht an die Sonnenblumenkerne kommt, weil andere Vögel sich vordrängeln, lässt sie einfach den Greifvogelwarnruf hören, alle fallen darauf herein und sie hat freie Bahn. Allzu oft kann sie den Trick natürlich nicht anwenden, denn wer einmal lügt, dem glaubt man nicht. Kohlmeisen sind auch Meister darin, neue Futterquellen aufzutun. In meinem Garten hat sich eine Jungmeise darauf spezialisiert, morgens noch klamme Hummeln und Wespen aus den Stauden zu pflücken, fachgerecht zu sezieren und zu fressen. Die in den Fetthennen minierenden Schwebfliegenlarven der Art *Cheilosia semifasciata* wurden ebenfalls sofort von Kohlmeisen gefunden und aus den Blättern gepult.

Die kleinere **BLAUMEISE** konzentriert sich eher auf Blattläuse, Raupen, Schwebfliegenlarven und andere kleine Insekten. Sie hat aber ein Faible für aromatische Staudenblätter, mit denen sie das Nest gegen Parasiten ausstattet, die von dem Geruch abgeschreckt werden sollen.

Die **SUMPFMEISE** (im Bild links am Wald-Geißblatt) wiederum liebt nicht nur Insekten, sondern auch die Samen vieler Stauden und Sträucher. Geißblattbeeren werden zum Beispiel nur wegen der Samen gepflückt, nicht wegen des saftigen Fruchtfleischs.

Die Pflanzen für ein sonniges bis halbschattiges Beet

Deutscher Name	Botanischer Name	Hauptnutzen	Art	Menge
Fetthenne	*Sedum telephium*	Insekten	Kohlmeise	2
Wald-Geißblatt	*Lonicera periclymenum*	Samen	Sumpfmeise	1
Bunter Hohlzahn	*Galeopsis speciosa*	Samen	Sumpfmeise	4
Großer Odermennig	*Agromonia procera*	Samen	Sumpfmeise	2
Gold-Schafgarbe	*Achillea filipendula*	Nistmaterial	Blaumeise	2
Süßdolde	*Myrrhis odorata*	Nistmaterial	Blaumeise	2
Zitronenmelisse	*Melissa officinalis*	Nistmaterial	Blaumeise	2

Das kletternde Wald-Geißblatt wird an eine Rankhilfe oder an einen hohen Zaun in den Beethintergrund gepflanzt. Falls das nicht geht, kann es durch die Rote Heckenkirsche (*Lonicera xylosteum*) ersetzt werden, dieses strauchige Geißblatt bleibt kompakt. Die Süßdolde hat essbare Samen. Sie kann etwas schattiger stehen.

Blaumeisen sammeln Raupen, aber auch Schwebfliegenlarven, Blattläuse und Spinnen.

EIN BEET FÜR DEN STIEGLITZ

Der bunte Stieglitz ist der unangefochtene Star unter den Singvögeln. Im Gegensatz zu Heimlichtuern wie Heckenbraunelle oder Buchfink kann man ihn kaum übersehen, wenn er auf den Samenständen der Pflanzen sitzt.

Sein feiner Pinzettenschnabel ist dafür gemacht, Samen aus Karden, Kletten, Disteln oder diversen Korbblütlern zu picken. Auch die Samen von Platanen, Hemlocktannen (im Bild oben) und Birken werden von Stieglitzen gern geknabbert. Die geselligen Vögel sind gern in lockeren Grüppchen unterwegs und fallen besonders im Winter auf, wenn sie in die Gärten kommen und nach ihren Lieblingspflanzen Ausschau halten. Im Frühling und Sommer freuen sie sich über eine Ganzjahresfütterung und einen Hausbaum, in dessen Krone sie unbehelligt brüten können. Um ihre Jungen zu füttern, muss es auch Proteinnahrung geben, daher dient der feine Schnabel auch dazu, Blattläuse und andere Insekten einzusammeln. Im Sommer lieben die Vögel es gern wild und suchen auf Rasenflächen und Wiesen nach Löwenzahnsamen. Auf Ruderalflächen und im Garten schauen sie nach den Früchten anderer Wildkräuter wie Gänsedisteln, Ampfer, Vogelmiere, Wegerich oder Acker-Kratzdisteln. Für den knallbunten Stieglitz darf es also durchaus etwas weniger ordentlich in manchen Gartenecken zugehen.

Die Tiere fliegen auch auf den Balkon. Dort kann man ihnen Korn- und Flockenblumen, Tagetes und Sonnenblumen spendieren.

Die Pflanzen für ein sonniges bis halbschattiges Beet

Deutscher Name	Botanischer Name	Blütezeit	Menge
Echter Alant	*Inula helenium*	VII–IX	1
Nickende Distel	*Carduus nutans*	VII–IX	2
Gewöhnliche Eselsdistel	*Onopordum acanthium*	VII–IX	1
Berg-Flockenblume	*Centaurea montana*	V–VI	2
Wilde Karde	*Dipsacus fullonum*	VII–VIII	2
Filzige Klette	*Arctium tomentosum*	VII–IX	2
Gewöhnliche Nachtkerze	*Oenothera biennis*	VI–X	2
Gewöhnlicher Sonnenhut	*Rudbeckia fulgida*	VII–X	2
Gewöhnliche Wegwarte	*Cichorium intybus*	VII–IX	2

Das Beet blüht vor allem im Hochsommer, es kann daher mit Zwiebelblumen und früher blühenden Stauden ergänzt werden. Der Echte Alant ist die Leitfigur dieses Beetes, viele der restlichen Arten außer Berg-Flockenblume und Sonnenhut sind zweijährig und säen sich auf offenem Boden selbst aus. Ist das Beet anfangs noch leer, kann man Kornblumen und Sonnenblumen einsäen.

Stieglitze plündern Klettensamen.

MACH DEINEN GARTEN ZUR NUSSKNACKER-SUITE!

Das akrobatische Pinselohr ist das heimische Säugetier, das wir am häufigsten zu Gesicht bekommen, und es führt regelmäßig die Hitliste der beliebtesten Gartentiere an. Völlig zu Recht!

Mal hängen sie lässig wie eine Fledermaus kopfüber mit einer Buchecker in den Vorderpfoten im Baum, dann wieder flitzen sie in halsbrecherischen Stunts von einem dünnen Ast zum nächsten. Eichhörnchen sind sehr reinliche Tiere, dieses im Bild oben putzt sich wie eine Katze.

Es ist einfach so: Eichhörnchen sind über jeden Zweifel erhaben. Zwar ruinieren sie so manche Aussaat im Topf, weil sie die lockere Erde für ein geniales Versteck für ihren Walnussvorrat halten, oder entwenden Meisenknödel im Ganzen, aber ansonsten sind sie ein wirklich umgängliches Nagetier.

» WAS KANNST DU TUN, DAMIT SICH EICHHÖRNCHEN BEI DIR WOHLFÜHLEN?

Die Tiere brauchen zunächst einmal Bäume, denn sie laufen nicht gern weite Strecken am Boden entlang. Mit ihren Krallen sind sie aber hervorragende Fassadenkletterer. Wenn du also einen Balkon hast und Bäume oder sogar ein ganzer Park in der Nähe sind, kommen sie vielleicht zu dir. Je mehr dein Balkon einem Dschungel ähnelt, umso mehr werden die Tiere ihn lieben. Für ihr Nest, den Kobel, den sie aus Reisig, Laub und Moos anfertigen, nehmen Eichhörnchen gern Nadelgehölze als Bauplatz, denn sie bieten einen natürlichen Regenschutz. Sie bauen ihn aber auch in Laubbäumen in großer Höhe. An der Hauswand oder am Balkon kannst du ihnen eine geräumige Wohnbox anbieten. Sie halten keinen Winterschlaf. Keine Angst vor zu viel Nähe: Eichhörnchen können keine Krankheiten auf Menschen übertragen.

Kleinbleibende Gehölze für Eichhörnchen

Art	Sorte	Höhe	Breite	Besonderheiten
Haselnuss	'Rasteder Säule'	4–6 m	3–4 m	Schlank aufrecht wachsend
	'Rotblättrige Zellernuss'	3–6 m	1,5–2,5 m	Rotes Laub
	'Twister'	2–3 m	1–2 m	Schlanke Korkenzieherhasel
Pimpernuss		3–5 m	2–3 m	Heimischer Strauch mit duftenden Blüten
Walnuss	'Broadview'	10–15 m	6–8 m	Kleiner als die Art
	'Buschnuss aus Finkenwerder'	4–5 m	4–5 m	Sehr ertragreich
	'Dwarf Karlik 5'	3–5 m	2–4 m	Für Kübel geeignet
	'Europa'	3–4 m	3–4 m	Trägt schon nach 2–3 Jahren
	'Lara'	4–5 m	4–7 m	Hoher Ertrag
Esskastanie	'Anny's Summer Red'	3–4 m	3–4 m	Schlank wachsend
	'Variegata'	5–10 m	3–5 m	Panaschiertes Laub
	'Vincent van Gogh'	1,5–3 m	1,2–2 m	Wärmeliebend, verträgt Schnitt
Rotbuche	'Dawyck'	15–20 m	3 m	Säulenform

Die Nager lassen sich gern rundum versorgen. Wasser ist wichtig. Futter nehmen sie ebenfalls gern an und lernen schnell Futterboxen zu bedienen. Zur Not baumeln sie einfach kopfüber am Vogelfutterspender. Sie lieben Sonnenblumenkerne, Erdnüsse, Wal- oder Haselnüsse. Auch Obst und Gemüse ist für eine ausgewogene Ernährung wichtig, wie Äpfel, Möhren, Brokkoli oder Weintrauben.
Noch besser ist es natürlich, ihnen ihre Lieblingsnüsse gleich in Baumform zu spendieren. Obwohl sich die Tiere gern als Gärtner betätigen und die vergessenen Nüsse keimen, kann es sinnvoll sein, Baumschulware zu setzen, denn die trägt schneller Früchte und sprengt mit kleinen Sorten nicht den Rahmen.

Futterboxen werden von Eichhörnchen schnell entdeckt und verstanden.

SERVICE

Mulch und Mikroben, Stauden und Sträucher, Würmer und Waschnüsse – hier findest du Bezugsquellen und noch mehr Informationen für alles, was man im nachhaltigen Garten braucht.

BEZUGSQUELLEN

Samen, Pflanzen und Zubehör

Arche Noah: Verein für den Erhalt und die Entwicklung der Kulturpflanzenvielfalt
Obere Straße 40
A-3553 Schiltern
www.arche-noah.at

ARIES Umweltprodukte
Bioland-Schafwollpellets in der Pappschachtel
Stapeler Dorfstraße 23
27367 Horstedt
www.aries.de

Bingenheimer Saatgut
Kronstraße 24 · 61209 Echzell
www.bingenheimersaatgut.de

Deaflora Aromagärtnerei
Andrea Hellmich
Dr.-Wolff-Straße 6
14542 Werder / Havel OT Glindow
www.deaflora.de

Staudengärtnerei Gaißmayer
Jungviehweide 3
89257 Illertissen
www.gaissmayer.de

Templiner Kräutergarten
Elsternest 1 · 17268 Templin
www.templiner-kraeutergarten.de

Baumschule Lorenz von Ehren
Maldfeldstraße 4 · 21077 Hamburg
www.lve-baumschule.de

Baumschule Horstmann
Bergstraße 5 · 25582 Hohenaspe
www.baumschule-horstmann.de

Eggert Pflanzenhandel
Baumschulenweg 2 · 25594 Vaale
www.eggert-baumschulen.de

Pflanzenhof Schachtschneider
In den Bergen 37–39
27801 Dötlingen-Aschenstedt
www.schachtschneider.com

Bioland Hof Jeebel
Biogartenversand OHG
Jeebel 17 · 29410 Salzwedel
www.biogartenversand.de

Jelitto Staudensamen
Am Toggraben 3
29690 Schwarmstedt
www.jelitto.com

Niem-Handel Gerald Moser
Kokosquelltöpfe mit Baumwollnetz, Waschnüsse
Waldstraße 3 · 64579 Gernsheim
www.niem-handel.de

Rieger-Hofmann
Saatmischungen für Wildpflanzenwiesen
In den Wildblumen 7
74572 Blaufelden-Raboldshausen
www.rieger-hofmann.de

Pro Specie Rara: Erhaltung alter Gemüsesorten
Unter Brüglingen 6 · CH-4052 Basel
www.prospecierara.ch

re-natur
Weidenruten für lebende Zäune
Charles-Roß-Weg 24
24601 Ruhwinkel
www.re-natur.de

Bioland-Rosenschule Ruf
Zum Sauerbrunnen 35
61231 Bad Nauheim-Steinfurth
www.rosenschule.de

Stauden Stade
Beckenstrang 24
46325 Borken-Marbeck
www.stauden-stade.de

Gärtnerei Strickler
Lochgasse 1
55232 Alzey-Heimersheim
www.gaertnerei-strickler.de

Syringa Samen
Wildblumenmischungen
Bachstraße 7
78247 Hilzingen-Binningen
www.syringa-pflanzen.de

Sarastro-Stauden
A-4974 Ort im Innkreis 131
www.sarastro-stauden.com

VEN – Verein zur Erhaltung der Nutzpflanzenvielfalt e. V.
Bergstraße 19 · 54610 Büdesheim
www.nutzpflanzenvielfalt.de

Wurmwelten
Kompostwürmer, Wurmkisten, Bokashi, Brauset für Komposttee
Warteweg 50
37627 Stadtoldendorf
www.wurmwelten.de

Nisthilfen

Claytec
Lehm für Insektennisthilfen
Nettetaler Straße 113
41751 Viersen
www.claytec.de

Das Hummelhaus
Nistkästen inklusive Wachsmottenklappe
Weißdornweg 1 · 47877 Willich
www.das-hummelhaus.de

Denk-Keramik
Hummel-Burg aus Keramik
Neershofer Straße 123–125
96450 Coburg
www.denk-keramik.de

SCHWEGLER Vogel- und Naturschutzprodukte
Hummelkasten aus Holzbeton und Nistblock für Wildbienen, Vogelnistangebote
Heinkelstraße 35
73614 Schorndorf
www.schwegler-natur.de

wildbiene.com
Nistblock für Wildbienen aus Ton
Heimersfeld 77
46244 Kirchhellen
www.wildbiene.com

IM NETZ

www.blauer-engel.de
Informationen zu kompostierbaren Töpfen, umweltfreundlichen Gartengeräten und Produkten aus Recyclingkunststoff

www.bund.net/themen/naturschutz/moore-und-torf/torffrei-gaertnern
Gärtnern ohne Torf

www.die-nachwachsende-produktwelt.de
Zusammenstellung von Produkten aus nachwachsenden Rohstoffen sortiert nach Kategorien

www.kompost.de
Suche nach Kompostieranlagen in deiner Nähe mit Filter nach Kompost, der für den Ökolandbau geeignet ist

https://pfaf.org
Plants for a Future
Über 8 000 essbare, medizinisch oder anderweitig nutzbare Pflanzen

www.solidarische-landwirtschaft.org
Solidarische Landwirtschaft

www.zero-waste-deutschland.de
Tipps zum Leben ohne Plastik, nachhaltige Produkte

www.naturgarten.org
Alles über den Naturgarten

www.pumpipumpe.ch
Vermittelt Geräte zum Ausleihen für Privatleute, auch in Deutschland

www.utopia.de
Plastikfrei leben, DIY-Anleitungen

ZUM WEITERLESEN

Collignon, Philippe · Bureau, Bernard: **Mehrjähriges Gemüse: Einmal pflanzen, dauernd ernten.** Verlag Eugen Ulmer, 2. Auflage 2021

Davroux, Aurélien: **Wächst fast ohne Wasser.** Verlag Eugen Ulmer 2021

Dowding, Charles: **No Dig – Gärtnern ohne Umgraben.** Dorling Kindersley 2023

Hissel, Janine/Schwarzer, Elke: **Das kleine Unkraut-Kochbuch. Über 60 Rezepte mit Gratis-Gemüse aus dem Garten.** Verlag Eugen Ulmer 2021

Hansch, Susanne/Schwarzer, Elke: **Der Giersch muss weg! 28 Unkräuter bekämpfen oder einfach aufessen. 50 frische Wildkräuter-Rezepte.** Verlag Eugen Ulmer 2019

Kranz, Volker · Deemter, Frederik: **Praxisbuch Waldgarten: Natürlicher Anbau mit Permakultur.** Haupt 2021

Langheineken, Jutta · Schwester Christa Weinrich: **Schwester Christas Mischkultur.** Verlag Eugen Ulmer, 2. Auflage 2023

Lorey, Heidi: **Wintergemüse.** Verlag Eugen Ulmer 2020

Lowenfels, Jeff · Lewis, Wayne: **Gärtnern mit Mikroben: Der Leitfaden des Bio-Gärtners zum Bodennahrungsnetz.** Verlag Pfeil 2020

Lowenfels, Jeff: **Gärtnern mit Pilzen: Der Leitfaden des Bio-Gärtners zur Nutzung der Mykorrhiza.** Verlag Pfeil 2022

Lugerbauer, Katrin: **Echte Hitzeprofis.** Verlag Eugen Ulmer 2023

Nex, Sally: **Klimafreundlich gärtnern: Aktiv werden und den ökologischen Fußabdruck verbessern.** Dorling Kindersley 2022

Palme, Wolfgang: **Frisches Gemüse im Winter ernten.** Löwenzahn 2016

Schwarzer, Elke: **Heimische Pflanzen für den Garten.** Verlag Eugen Ulmer, 3. Auflage 2022

Schwarzer, Elke: **Mein Bienengarten.** Verlag Eugen Ulmer, 2. Auflage 2020

Schwarzer, Elke: **Mein Schmetterlingsgarten.** Verlag Eugen Ulmer, 2. Auflage 2022

Schwarzer, Elke: **Meise mag Melisse.** Verlag Eugen Ulmer 2020

Schwarzer, Elke: **Plastikfrei Gärtnern.** Verlag Eugen Ulmer 2021

Schwarzer, Elke: **Superpflanzen.** Verlag Eugen Ulmer 2023

Raupach, Melissa · Lill, Felix: **Regrow your veggies: Gemüsereste endlos nachwachsen lassen.** Verlag Eugen Ulmer, 2. Auflage 2022

Raskin, Ben: **The Woodchip Handbook.** Chelsea Green Publishing 2021

Weidenweber, Christine: **Gemüse ernten ohne gießen.** Verlag Eugen Ulmer 2021

Witt, Reinhard · Kaltofen, Katrin: **Klimawandel – Fluch oder Chance?** Verlag Naturgarten 2020

REGISTER

DIE AUTORIN

Elke Schwarzer ist Diplom-Biologin und so oft es geht in der Natur unterwegs. Sie fotografiert Pflanzen und Insekten und gärtnert in ihrem Naturbiogarten mit Kompost, torffreier Erde und ohne Pestizide. Mehrere Bienenhotels, einen Hummelnistkasten und Aurorafalter, die ihre Eier am Silberblatt ablegen, gibt es in ihrem Garten zu entdecken, allerdings auch etliche Nacktschnecken, denen sie mit einer entsprechenden Pflanzenauswahl den Appetit verdirbt. Im Winter untersucht sie das Bodenleben mit dem Makroobjektiv und hält das aufregende Leben von Kugelspringer und Co. im Bild fest. Ihre Fotos zeigt sie bei Instagram unter @guenstiggaertnern. Unter www.guenstiggaertnern.blogspot.com berichtet sie auch über ihre Gartenerlebnisse.

BILDQUELLEN

Alle Bilder stammen von Elke Schwarzer, mit Ausnahme der folgenden:
iStock.com/enviromantic: Titelbild
Shutterstock.com:
BNP Design Studio: Seite 27; Chizhovao: 75 li.; Elyomys: Seite 101; GoodStudio: Seite 12, 51, 85, 93, 99, 107, 112, 116, 118 (Schmuck-Illus); grmarc: Seite 55; jannoon028: Seite 119; judyjump: Seite 65; kovaltol: Seite 33 o. (Holzscheiben); Lemberg Vector studio: Seite 1; liguibin2020: Seite 13; Madlen: Seite 15 ff. (Schilder); Matiushenko Yelyzaveta: Seite 109; Nicetoseeya: Seite 45; Peter Turner Photography: Seite 100; T-K-M: Seite 3 ff. (Blätter); Val_Iva: Seite 14 ff. (Zweig), 133; VoopyArt: Seite 39; wenich_mit: Seite 87
Sommer, Barbara: Seite 192

IMPRESSUM

Die in diesem Buch enthaltenen Empfehlungen und Angaben sind von der Autorin mit größter Sorgfalt zusammengestellt und geprüft worden. Eine Garantie für die Richtigkeit der Angaben kann aber nicht gegeben werden. Autorin und Verlag übernehmen keine Haftung für Schäden und Unfälle. Bitte setzen Sie bei der Anwendung der in diesem Buch enthaltenen Empfehlungen Ihr persönliches Urteilsvermögen ein. Der Verlag Eugen Ulmer ist nicht verantwortlich für die Inhalte der im Buch genannten Websites.

Anmerkung zur Schreibweise (Gendering): Gendergerechtigkeit und Inklusion sind bei uns gelebte Praxis – bei der Auswahl unserer Themen, bei der Recherchearbeit, in der Gestaltung. Unsere Texte meinen alle. Damit unsere Inhalte jedoch gut lesbar bleiben, verzichten wir in diesem Werk auf die jeweilige Mehrfachnennung oder Anpassung der Schreibweise bestimmter Bezeichnungen an die weibliche, männliche oder diverse Form.

Bibliografische Information der Deutschen Nationalbibliothek
Die Deutsche Nationalbibliothek verzeichnet diese Publikation in der Deutschen Nationalbibliografie; detaillierte bibliografische Daten sind im Internet über http://dnb.d-nb.de abrufbar.

Wollgrasweg 41
70599 Stuttgart (Hohenheim)
E-Mail: info@ulmer.de
Internet: www.ulmer.de

Projektleitung: Doris Kowalzik
Lektorat: Alessandra Kreibaum
Herstellung: Isabell Scherrieble
Umschlaggestaltung, Layout und Satz: Antje Warnecke, nordendesign.de
Reproduktion: time:ray, Jettingen
Druck und Bindung: Firmengruppe Appl, aprinta Druck, Wemding
Printed in Germany

ISBN 978-3-8186-2205-3

MIX
Papier | Fördert gute Waldnutzung
FSC® C004592
FSC www.fsc.org

Druckerzeugnis
www.natureOffice.com/DE-239-MY3L569
klimaneutral
durch CO2-Ausgleich